作者简介

王国峰 山西财经大学国际贸易学院讲师。主要研究领域：农业经济管理，能源效率、适应性应对，情景设计与研发等。在农业水资源效率提升路径，碳排放和减碳的未来改善措施等方面取得重要成果。发表论文多篇，曾获北京市优秀毕业生等荣誉称号。

陈建成 北京林业大学教授、博士生导师。北京林业大学经济管理学院院长、MBA教育中心主任、农林经济管理一级学科负责人、国家级农林业经营管理虚拟仿真实验教学中心主任。兼任中国林牧渔业经济学会副会长、中国林业经济学会常务理事兼副秘书长、中国企业管理研究会副理事长等职务。为国务院农林经济管理学科评议组成员，全国文化名家暨"四个一批"理论人才，享受国务院政府特殊津贴专家。主要研究领域：农林经济与管理理论及政策、公共管理。主持和参与重大科研项目30余项，获省部级以上奖励10余项，发表论文180余篇，出版教材和专著20余部。

邓祥征 中国科学院地理科学与资源研究所研究员、中国科学院特聘研究员、国家杰出青年科学基金获得者、美国密执安州立大学全球变化与土地观测中心兼职研究员、英国曼彻斯特大学西蒙访问教授、博士生导师。近年来主要从事气候变化影响与适应、气候变化经济学、土地变化科学、生态系统服务与管理等方面研究。

　　本书出版得到国家自然科学基金重大研究计划"黑河流域水资源综合管理决策支持系统集成研究(项目编号：91325302)、黑河流域水—生态—经济系统的集成模拟与预测(项目编号：91425303)"的资助。

黑河流域农业水资源利用效率与需求影响因素研究

王国峰　陈建成　邓祥征◎著

人民日报学术文库

人民日报出版社

图书在版编目（CIP）数据

黑河流域农业水资源利用效率与需求影响因素研究／
王国峰，陈建成，邓祥征著．—北京：人民日报出版社，
2018.2
ISBN 978 - 7 - 5115 - 5339 - 3

Ⅰ.①黑… Ⅱ.①王… ②陈… ③邓… Ⅲ.①黑河—
流域—农业资源—水资源利用—研究 Ⅳ.①S279.24

中国版本图书馆 CIP 数据核字（2018）第 041582 号

书　　名：黑河流域农业水资源利用效率与需求影响因素研究
作　　者：王国峰　陈建成　邓祥征

出 版 人：董　伟
责任编辑：万方正
封面设计：中联学林

出版发行：人民日报出版社
社　　址：北京金台西路 2 号
邮政编码：100733
发行热线：（010）65369509　65369846　65363528　65369512
邮购热线：（010）65369530　65363527
编辑热线：（010）65369533
网　　址：www. peopledailypress. com
经　　销：新华书店
印　　刷：三河市华东印刷有限公司

开　　本：710mm×1000mm　1/16
字　　数：187 千字
印　　张：13.5
印　　次：2018 年 6 月第 1 版　　2018 年 6 月第 1 次印刷

书　　号：ISBN 978 - 7 - 5115 - 5339 - 3
定　　价：68.00 元

摘　要

　　水资源作人类生产与生活的重要资料,对社会经济的发展起到至关重要作用,甚至可能危及国家整体安全。特别是对干旱半干旱区农业水资源利用效率进行研究,是与国家"一带一路"整体实施规划安全性紧密相关的重要课题。

　　识别研究问题。本研究着重对黑河流域绿洲农业水资源需求进行研究,估计农业水资源要素与土地资源要素之间替代弹性,梳理辨识黑河流域不同规模、类型和区域农业水资源利用效率现状,重点厘清农业中的水资源利用效率影响因素,甄别关键影响因素的作用强度和方向,提炼农业种植结构调整、农业水资源管理制度等政策措施,识别黑河流域农业用水需求的关键影响因素,为干旱半干旱地区的农业水资源高效利用提供科学支撑。

　　凝练水资源需求管理政策,构建水资源利用效率估算框架。本书以甘肃省黑河流域作为研究的核心对象,围绕如何解决以下三个问题展开研究。首先,水土资源要素对农业经济增长的作用如何? 是促进还是阻碍? 影响水土资源作用发挥的关键因素是什么? 其次,不同尺度,包括县域尺度和农户尺度上的农业水资源利用效率现状达到什么程度? 区县尺度上的农业水资源利用效率是否会表现出趋同的特性? 最后,哪些因素影响农业水资源利用效率? 这些因素对于提高农业水资源利用效率的作用强度多大? 作用方向如何? 研究旨在基于以上问题,厘定改善干旱半干旱地区农业水资源利用效率政策建议与适应性措施。

辨识问题需求，调控研究区社会经济发展关键阈值。本书围绕如何解决上述三个问题展开探究，通过宏观与微观层面数据的有序整合来综合评价区县和农户尺度农业水资源利用效率影响因素，依据中国科学院农业政策研究中心收集数据，包括宏观层面区县数据和微观层面随机抽样调研数据。宏观方面，关键识别地区包括黑河农业区6县2区，即甘州区、临泽县、高台县、金塔县、肃州区、山丹县、民乐县、肃南裕固族自治县；微观方面，采取农户调研数据，构建农业水资源利用效率影响模型，参数化描述性分析、计量经济学分析刻画并辨识上述三个研究问题。

厘清发展问题，提炼干旱半干旱地区农业水资源利用效率提升适应措施。本书的主要结论如下：首先，就农业水土资源在农业发展中的作用力来看，内嵌空间异质性理念，黑河流域水资源与土地资源在地区农业经济增长中扮演着不同的作用。此外，从水土资源综合效应辨识层面来看，总体作用力方向和大小与当地的农业生产结构和种植结构密切相关。其次，厘定的区县尺度农业水资源利用效率异质性特征较为显著。其中，农业水资源利用效率相对较高的区县为民乐县和临泽县，效率相对较低的为金塔县和肃南裕固族自治县，主要与当地的产业发展相一致，且研究结果显示，区县层面的水资源利用效率有随着时间推移趋于稳态的现象。再次，农业水资源利用效率影响因素方面，囊括区县影响因素的5个方面，即农业投资、经济增长、产业结构调整。自然灾害与种植结构调整，研究结论揭示，提高农业科技投入对提升农业水资源利用效率具有积极效果。固定资产投资变化率提高10%，将提升农业水资源利用效率0.2%。调整作物种植面积，尤其是小麦播种面积，对提高农业用水效率具有积极贡献，小麦面积每增加1%，用水效率将增加0.23%，但是要结合当地的实际特征发展。最后，结果揭示的农户层面的水资源利用效率主要集中在0.5－0.7区间内，也就是说，农户层面的水资源利用效率存在超过30%的提升空间。如果仅仅从水资源利用效率层面来看，农户水资源利用效率最优的单个农户种植规模为50亩左右。

　　回答干旱半干旱农业水资源利用效率状况,提炼该区域农业水资源利用效率可持续发展的建议。基于上述研究结论,本书提出以下可持续发展政策建议;构建动态细分水权交易机制,有效推动节水灌溉技术升级换代,完备水资源高效利用为目标的补贴体系,构建适合当地的基层用水管理组织模式,优化农户农作物种植结构,搭建农业水资源交易机制与平台等。本书建议将为农业干旱半干旱地区水资源的高效可持续利用提供科技支撑。

　　关键词:农业水资源;水资源利用效率;影响因素;区县尺度;农户尺度

目　录
CONTENTS

表目录

图目录

1 绪 论

1.1 研究背景

水资源作为人类生活不可或缺的重要资源,在生产、生活以及生态方面发挥着重要作用(郭晓东等,2013)。人类的可持续发展与水资源的总量和质量是紧密联系的,特别是随着人类对水资源的开采与利用活动加强,对水资源的需求呈递增态势(Deng,et al.,2014)。人类所处的地球受水资源匮乏影响较大,世界水资源协会公布的数据显示,地球上水资源中97.5%为咸水,可供人类使用的淡水资源极为稀少(李泽红等,2013;王江丽等,2013)。如果将地球上的水资源收集起来形成类似于地球的"水球",那么该球体的直径为1385公里,假设将地球比作篮球的话,那么这个球体要比乒乓球还要小(Xue,et al.,2015)。从全球来看,人类稀缺水资源量的分布状况又呈现空间差异化特征(Yang,et al.,2014),空间化水资源分布导致干旱半干旱地区的水资源问题更加突出。因此,加强水资源方面研究已经迫在眉睫。

水资源在全球范围内的分布存在较大的空间异质性。按照地区与国家排序来看,全球水资源分布排名前9的地区为巴西、俄罗斯、加拿大、中国、美国、印度尼西亚、印度、哥伦比亚和刚果(Deng,et al.,2015;Scott,et al.,2015)。中国的水资源总量约为 2.8×10^4 亿立方米,在世界上仅次于巴西、俄罗斯、加拿大,居世界第四位(张春玲等,2013),但是因为拥有全球 20% 的人口,人均水资源占有量严重不足(金碚,2015),2014 年中国有400 多个城市面临着严峻的水资源缺乏挑战,3 亿多人口面临着饮水困难的难题。

中国的水资源分布与空间范围以及南北的种植作物结构呈"倒挂"关系。党的十八届三中、四中全会明确提出了"建设美丽中国,深化文明体制改革,加快建立生态文明制度"的目标(姚丽等,2014),习近平总书记也指出了"节水优先、空间均衡、系统治理、两手发力"的治水方略(张旭迎等,2014)。这标志着从国家层面对水资源的使用与需求统筹进入了新的时代。随着中国经济的发展,水资源问题成为协调中国经济社会和生态发展的至关重要的问题。在发展过程中如何甄选水资源发展路径,发展优先次序是实现生活、工业、农业与环境,还是将发展优先序调整为实现生活、环境、工业与农业发展是我国可持续发展中的关键问题所在(赵亮等,2009)。中国的水资源分布在南方和北方严重不均,北方的土地资源占全国国土面积的 62%,却仅占中国水资源的 20%,南方土地面积为全国的 38%,却占有 80% 的水资源(黄建平等,2014)。此外,从南北方种植作物的差异来看,我国南方种植作物多为水稻、小麦,而北方主要种植作物为对水资源数量要求较高的玉米(邢相军等,2010),这种作物结构造成的需水差异又会进一步激化水资源供需矛盾。

干旱半干旱地区的农业受制于水资源的状况尤为突出。从降雨状况来看,中国的降雨也呈现较大的地区差异。中国的降水状况呈现南方多、北方少、东部多、西部少的态势,这更加不利于西部区域的干旱状况改善(Huang,et al.,2012)。中国的干旱半干旱区域主要特点是海拔较高,距离海洋较远,因此受季风的影响比较小。干旱半干旱地区植被匮乏,相当部分土地为沙漠(周连童等,2008),即使有植被覆盖,也多以草地植被为主。该区域的河流也属于内陆河,人类所起到的作用比较有限(IPCC,

2007）。因此，影响该区域发展的关键影响因素为水资源，特别是对于农业的发展来说，水资源作用尤为重要。

研究农业水资源，提升农业水资源利用效率已经迫在眉睫。中国的农业发展对水资源的消耗较大（Taylor，2015）。据中国水资源公报显示，2015 年全国总用水量 6180 亿立方米，其中生活用水占总用水量的12.79%，工业用水占 22.34%，剩余的 64.87% 则主要用于农业生产（中国水资源公报，2015）。绿洲农业作为干旱半干旱地区所特有的农业生产形式，是在自然干旱地区的基础上发展的特有的地理区域形成的。绿洲农业一般是该地区经济与生态发展的基础（李静等，2013）。同时，由于全球气候变化带来的冲击，对农业水资源供给（降水）、农业水资源需求（灌溉）产生了较大的影响（Lei，et al.，2006）。因此，研究干旱区半干旱区绿洲农业用水需求现状与水资源利用效率状况并识别影响用水需求的关键问题，将为该区域的可持续发展以及农业水资源节约利用提供科技支持。

提升农业水资源生产效率对保障国家粮食安全具有重要意义。粮食的生产对人类极为重要，粮食危机在世界发展不同阶段均出现过，特别是中国作为人口大国，产业结构的合理性是关系到国家可持续发展的关键要素。世界各国都将农业用水比例作为辨识水资源使用是否合理的重要标志（王金霞等，2011）。此外，中国政府也对水资源的未来目标进行了厘定，目标明确界定到 2020 年，农业水资源消耗量将实现零增长，单位产值对水资源的消耗下降 80%，农业用水占总的用水比例不超过 45%，也就表征着需要年均下降 1 个百分点，高标准严要求必然面临着巨大压力。另一方面，在水资源所能产生的单位产值技术不发生改变的状况下，实现水资源利用效率提升的唯一途径是提升农业水资源利用效率。农业水资源利用效率的提升不仅关系到产业结构升级换代，更是维系整个中华民族粮食安全的重要保障。

1.2　问题的提出

国家对于农业水资源高效利用一直高度关注。2017 年中央一号文件特别指出,以制度创新和体制改革为根本途径,优化农业产业体系、生产体系、经营体系,提高土地利用率、资源利用率和劳动生产率。这标志着国家对农业水资源的高效利用已经提到了一个新的高度。"十二五"期间,中国的有效灌溉面积呈增长态势,新增加农田有效灌溉面积 7500万亩,改善灌溉面积 2.8 亿亩(王明亮等,2015)。国家对水资源的节约理念提出了划区分片思想,多措并举实现水资源利用效率提升,具体的措施包括在东北地区实施节水灌溉提高产量,西北地区节水灌溉提高灌溉效率,华北地区节水灌溉减少水资源开采,南方通过节约用水减少二氧化碳排放等。截至 2015 年底,国家实施的节水措施灌溉面积达到 1.2 亿亩,水资源利用效率方面,灌溉水资源的利用系数达到 0.532,国家的多种措施为中国的粮食产量"十二连增"奠定了坚实的基础(中国水资源公报,2015)。但是中国的农业水资源利用效率与国外农业水资源利用效率相比,仍然存在较大的差距(郭晓东等,2013)。此外,中国"镰刀湾"地区改革玉米结构调整的指导意见明确指出,2017 年甘肃省全省计划粮食面积减少到 4100 万亩,粮食总产稳定在 1000 万吨以上,这一契机也是农业水资源利用效率提高的重要转折点。

中国的人均用水量远远低于发达国家,与美国相比,中国人均用水量仅仅是其人均水资源消耗量的 1/4 左右。从用水总量以及农业、工业和居民生活用水角度来看,全球排名处于前 10 位的国家为印度、中国、美国、巴基斯坦、印度尼西亚、伊朗、日本、越南、菲律宾、墨西哥等(Deng, et al.,2014)。若将这些国家进行归类,可以看出(表 1-1),中国作为人口大国,对水资源的人均需求量并不是很大,特别是中国正处于改革发展关键阶段,产业转型升级、"一带一路"现不允许叫"战略"建议、生态文明建设等一系列举措正在如火如荼进行着。实现产业转型升级之后,将实现更为节约的社会发展形态,对水资源的单位产值需求将会进一步降低。

表1-1　用水总量排名前10位的国家用水情况

Table 1-1　The top 10 countries with the highest water comsumption in the world

国家	总量（亿立方米）	结构(%)			人均用水量（立方米）
		农业	工业	生活	
印度	7610	90.4	2.2	7.4	659
中国	3222	65	23	43	477
美国	5689	31.2	54.4	14.4	1853
巴基斯坦	1834.5	93.9	0.8	5.3	1081
印度尼西亚	1314	70.6	18.8	10.6	571
伊朗	933	92.2	1.2	6.6	1280
日本	835	66	15	19	655
越南	820.3	94.8	3.7	1.5	940
菲律宾	815.6	82.3	10.1	7.6	887
墨西哥	798	76.7	9.3	14	743
世界	40686.6	67.3	20.4	12.3	604

数据来源:中国用水数据来源于《中国水资源公报2015》,美国用水数据来源于《Estimater use of water in United States in 2010》,其他国家用水数据来源于FAO。

中国的农业水资源利用效率有待提升。从农业用水效率来看,不同国家的效率也存在较大差异(表1-2)。农业用水效率较高的国家为以色列,约为87%,澳大利亚约为80%,法国约为73%等,这些国家农业水资源利用效率远远高于中国。以色列人均水资源约为290立方米,但是面对恶劣的自然环境,却能实现水资源高效利用,创造出许多奇迹。究其原因,主要在于在各环节上都使用节水灌溉措施,形成完备的节水灌溉体系和保障措施。

表1-2 代表性国家农业水资源利用效率

Table 1-2 The partical countries with represnsitive water use efficiency in the world

国家	万元 GDP 用水量（立方米）	万美元工业增加值用水量（立方米）	农业水资源利用效率（%）
以色列	100	23	87
澳大利亚	244	89	80
俄罗斯	537	1120	78
法国	119	487	73
西班牙	222	199	72
中国	1197	603	53.2
世界	711	569	

数据来源：中国用水数据来源于《中国水资源公报2015》，美国用水数据来源于《Estimater use of water in United States in 2010》，其他国家用水数据来源于FAO。

  甄选农业水资源利用效率提升途径亟需多尺度联合互动。研究指出,我国农业整体上消耗了国家水资源的近65%,然而却只创造了15%左右的国内生产总值。农业水资源利用效率与工业和其他产业相比,具有用水效率相对低下的特点(石敏俊等,2011)。降低单位GDP水耗,特别是农业水资源消耗是中国实现可持续发展的关键所在。基于此,本书通过估算在县域与农户不同层次的农业水资源利用效率,识别关键影响因素的基础上,对社会、经济与自然影响因素进行辨识与厘定,为改善与提高干旱半干旱地区的农业水资源效率提供科技支撑。

  干旱半干旱地区农业水资源高效利用技术需要水资源利用效率提升方式接入。农业水资源利用效率提升一直是中国政府关注的热点,也是各级政府部门致力于改善与提升的重中之重,并且为了改善农业水资源利用效率,一系列改善方式与技术开始介入农业生产,比如农业漫灌改为滴灌,增加地膜覆盖保持土壤水分,间接改善农业水资源利用效率等,虽然部分地区已经使用多项技术,但是对于干旱半干旱地区来说,成套的农业水资源高效利用技术体系亟需建立。

1.3 研究目的和意义

1.3.1 研究目的

干旱半干旱地区的农业水资源利用效率提升需要解决的问题众多。本书给出的建议旨在为干旱半干旱地区农业供给侧结构性改革提供建议与对策,同时也试图解决两个问题,干旱半干旱地区的农业水资源利用效率提升路径或者说改善的途径在哪里? 是在节水增效技术的基础上结合高新技术的创新,还是其他途径? 干旱半干旱地区农业水资源利用效率是关系到农业、工业与生活耦合协调发展的重要指标,特别是现在国家处于农业供给侧结构性,改革的攻坚阶段,农业供给侧结构性改革将实现供给体系的质量和效率的提高,面临着改善资源环境方面的压力(谭灏,2013)。为此,本书主要回答以下四个方面问题。

(1)中国的水资源供需状况如何? 供水状况中工业、农业、生态用水状况如何? 各种供需状况在研究区如何? 是否存在时空差异?

(2)不同资源(水土资源)对农业经济增长的作用如何? 是促进还是阻碍? 促进或者阻碍的力度多大? 关键影响因素涵盖哪些方面?

(3)典型研究区(黑河流域)县域尺度的农业用水效率现状如何? 主要影响因素是什么?

(4)典型区(黑河流域)农户尺度农业用水效率现状如何? 主要影响因素是什么?

整体思路上,首先,通过对国家尺度和研究区尺度水资源供需现状判读,尤其是农业水资源部分的识别与估算,对农业水资源使用现状给出描述。其次,通过区县水土资源在农业经济增长作用空间识别,将农业水资源在农业发展中的作用进行了精细的刻画。再次,辨识区县和农户尺度的农业水资源利用效率现状以及关键影响因素,基于以上的分析,提出县域以及农户自身尺度的可持续发展适应措施。

1.3.2 研究意义

农业水资源利用效率的研究与厘定对于干旱半干旱地区的意义极为重大,特别是对以农业发展为主的区域,在当前城镇化转型发展、生态文明建设的背景下,关于农业水资源利用效率的研究处于行业转型升级越来越重要的地位。因此,开展农业水资源利用效率的测度与研究,具有重要的理论意义与现实意义。

(1)学术意义

农业水资源利用效率的测度一直都是研究的热点,当前学者对农业水资源利用效率测度主要用三种方法,本研究从学术上来说,应用数据包络分析方法、随机前沿分析方法和超效率 DEA 开展农业水资源利用效率在县域和农户尺度的估算,几种估算方法之间的比较,而且计量方法的使用也对本研究内容有了较为详实的补充。

(2)实践意义

本书旨在通过对农业水资源利用效率的研究,提出农业水资源高效利用的合理的政策建议。本研究从基本的理念与理论出发,从黑河流域农业水资源利用的自然状况、社会经济状况与水资源需求状况导出当前对黑河流域农业发展起主要影响作用的问题,并根据统计数据和一手调研数据,从县域和农户尺度对水资源利用效率的影响因素进行系统梳理与辨识,进而提出对黑河流域农业水资源高效利用的对策措施,促进节水量提升和农户增收。

1.4 国内外农业水资源研究现状及进展

实现绿洲农业发展与生态保护之间的权衡一直是研究的热点。绿洲作为生态系统中的重要部分,其复杂性和脆弱性与其他生态系统相比尤为明显(董乐,黄子蔚,2005)。绿洲农业的发展是与周边生态环境耦合发展的,没有生态环境的支持,绿洲农业将不能可持续发展。在绿洲农业的发展过程中,如果没有对生态环境的适度保护同样将会造成不可挽回的损失(徐敏,2012)。绿洲农业作为绿洲中从事的农业生产活动的场所,既囊括了农业生产的概念,又受到绿洲自身特征的影响(李泽红,董锁成,2011)。绿洲农业的形成是与丰富的降水分不开的。

新疆的农业发展是典型绿洲农业,新疆的绿洲农业发展经历了几个重大的转折阶段。第一阶段为20世纪50年代到60年代,新疆的绿洲农业经济快速发展,但是对生态环境的保护没有引起足够重视(Xue,et al.,2015)。第二阶段为20世纪60年代中后期到70年代中期,新疆绿洲农业的经济发展增速减缓,生态环境保护开始进入起步阶段。第三阶段为20世纪70年代中后期到80年代中期,新疆绿洲农业经济逐步发展,生态环境保护发展较为缓慢。第四阶段为20世纪80年代中后期到90年代中期,新疆绿洲农业经济迅速发展,此阶段下,生态环境方面也得到了特殊保护。第五阶段为进入21世纪后的十几年时间里,新疆的农业生产迅速发展,生态环境也得到极大好转。尤其是随着中国三北防护林工程的建设,新疆地区的森林覆盖率提升了1.91%。这些环境的改变为绿洲农业发展提供了有效借鉴(王江丽,赖先齐,帕尼古丽·阿汗别克,李鲁华,2013)。国内外许多学者对新疆绿洲进行了多维研究。在新疆绿洲农业发展的协调性评价中(Hsiao,et al.,2007),运用时序主成分分析方法,在15类指标识别的基础上对三类系统协调性进行了评价。

黑河绿洲农业地处青藏高原和蒙古高原过渡带,海拔 1284 米 ~5564 米,相对高度相差 4280 米,从东南到西北地势呈逐渐下降趋势。从地貌上来看,该区域的地形主要是三种,包括高山地貌、中低山地貌和平原走廊地貌。按照人为影响绿洲分类系统,可以将黑河流域的绿洲分为以下几种,张掖绿洲、临泽绿洲、高台绿洲和鼎新灌区等。上述为人工绿洲中的农业绿洲,额济纳旗绿洲为半人工绿洲。黑河流域位于河西走廊中部,介于 98° ~101°30′E,38° ~42°N 之间。起源于青藏高原东北部祁连山地,经过的省份包括青海、甘肃、内蒙古三省(自治区),是我国第 2 大内陆河流域(Wang, et al. ,2001;Nian, et al. ,2014)。黑河农业区属于典型的大陆性温带干旱气候,降水量较少,蒸发量较大,属于水资源匮乏地区。该地区用水需求与水资源突出不足之间的矛盾非常突出(Wu, et al. , 2015)。研究黑河流域的农业水资源利用效率具有重要意义,可为干旱半干旱地区提供科学支持,同时对干旱半干旱区用水效率的提升提供借鉴。当前,对于黑河流域水资源的研究主要集中于水资源承载力、水资源开发过程中的合理利用、水资源发展的可持续性等方面。资源承载力研究指出黑河流域农业用水生态足迹远远高于其他水资源账户生态足迹,目前对黑河流域农业用水效率的研究较少(Wu, et al. ,2014)。有学者运用数据包络法对 2002—2009 年的黑河中游张掖段 5 县 1 区的农业、工业、生活和总用水效率进行了测度,但在研究时间段上较短,对黑河农业发展的借鉴意义较差,不能满足经济发展和生态保护的决策需求。

1. 4. 1 农业水资源利用效率研究现状

水资源利用效率的研究由来已久,从全球来看,水资源作为人类生存与发展不可或缺的生活与生产资料受到了极大的关注。国际上也成立了专门的组织来对水资源进行管理,特别是随着全球流域计划的实施,各国对于水资源的重要性将更加关注。作为重要的水资源消耗部门,农业水资源利用效率的研究一直是研究的热点,尤其是对于干旱半干旱地区来说,伴随着国家经济发展与城镇化发展,水资源污染与滥用等,加重了农业水资源的安全隐患(赖先齐等,2013)。面对严峻的水资源供需之间的矛盾,各国政府积极转变,开始逐步将农业水资源的管理重点从供给管理向需求管理转移。有关农业水资源利用效率的现状与影响因素也成为研究的热点(Azad,et al.,2014)。水资源是人类生产与生活的基础性资料,在人类生活中扮演着不可或缺的角色,水资源的充足供给与高效利用是人类社会实现可持续发展的重要保障。到现在为止,世界不同国家在水资源问题上开展了广泛研究,研究内容包括水资源的保护(Zhang,et al.,2012)、水资源利用(Huang,et al.,2013)以及水资源安全评价等内容,尤其是对用水效率的研究一直是各国关注的焦点,而且已经取得了诸多研究成果。在全世界的发展过程中,由于水资源众多,水资源曾被认为是"免费的商品",但是随着经济的发展,合理协调水资源的供给和需求之间的矛盾已经成为一大挑战,如何改善水资源利用效率也需要慎重考虑。在英国,为改善居民的居住环境,政府从提高用水效率和减少污水排放两个方面进行尝试。美国相关专家研究指出,用水效率的高低也取决于水价(Ruiz-Canales,et al.,2015)。在中国,政府也出台了相应措施来提高用水效率,中国的《水法》中对水资源的配置和节约使用提出了针对工业用水、农业用水和生活用水效率的管理政策(Peng,et al.,2012),明确提出应推广节水型技术和节水型城市管网等方式,提高用水效率。

从整个国家角度来说,中国水资源缺乏,而且水资源分布在时间和空间上的差异相当大,用水矛盾突出。尤其在西北干旱半干旱地区(包括陕西省、甘肃省、青海省、宁夏回族自治区、新疆维吾尔自治区和内蒙古自治区)(Huchang,et al.,2011)。西部地区作为经济欠发达地区,生态环境保护与经济发展之间的矛盾为地区主要矛盾,而由于社会经济的发展,西部地区的用水量在过去10年迅速增加,远远超过世界干旱地区水资源开发平均水平(30%)(Zhao,et al.,2015)。另外,农业是西北地区的主要产业,其农业水资源利用量和利用效率对西北地区水资源利用具有重要影响。相关研究表明,除陕西省,中国西北其余省份水资源利用效率极低(Li,et al.,2015)。辨识西部省份的影响农业用水效率关键因素在减缓不同部门,包括农业部门、工业部门和生态部门之间的矛盾起到不可或缺的作用。农业是中国国民经济发展中的基础与战略产业,而中国40%的耕地是灌溉耕地,水资源在保障粮食产量中起到了重要作用。随着中国经济的发展,工业用水和生态用水的增加严重制约了农业用水。有学者研究指出,到2050年中国的农业用水将面临巨大挑战。首先,农业用水为满足接近15亿人口的粮食需求,必须消耗1000亿 m^3 的水资源(Wang,et al.,2010;Shi,et al.,2015)。另外,为保证"一带一路"建设的推进,农业水资源消耗量会出现零增长或者负增长,这样就出现了现实与需求之间的矛盾。

国内外已经开展了水资源利用效率的研究,在该领域最早开展也是最有效的国家是以色列。因为水资源禀赋较为匮乏,以色列的水资源管理方式主要是通过水审查制度来进行审计,通过水审查制度可以对一些水资源利用中的无效损失予以规避,而且可以通过对工业废水回收对水资源加以进一步利用,达到水资源节约的目的,并且在工业、农业和居民用水中,推广了一些节水效果较为明显的技术。通过这些技术的提升,使得以色列成为节水利用的典范(Fuller,2009)。澳大利亚对水资源需求的管理也较早,主要措施是通过提升配水效率来达到降低水资源损失的目标。澳大利亚政府通过改善水资源利用效率的方式以及多样性发展水资源替代物质来缓解水资源供需紧张的现状。欧盟的水资源节约与管理的行动更是可圈可点(Kummu,et al.,2010),通过构建比较独立与完整的体系完成水资源利用效率的提升。此外,欧盟颁布了"水框架指令",该指令框定的原则或者说准则是以预防和保护为主,同时实行谁污染谁付费的原则,这一准则对地表水和地下水的保护方面做出了明确厘定。埃及政府对于水资源的保护与利用也尤为重视,尤其是在农业方面的水资源输送过程中损失的水资源,主要通过一些改善渠系的措施,对水资源节约可以达到40亿立方米,并通过对灌溉过程中减少大水漫灌,将农户纳入水资源的决策过程中来,多措并举提高水资源节约能力。此外,埃及政府在1996年就成立了以当地农户为主的用水协会,主要由这些协会来对灌溉过程中涉及技术进行培训,对沟渠进行定期维护,同样,这些费用也由农户自身提供。

农业水资源利用效率的研究始于20世纪中叶,联合国不同部门针对水资源问题设立了专门的研究机构。农业水资源利用效率研究方面也有不同的学者进行了尝试。比如,研究表明中国31个省的农业水资源利用效率结果差异较大,1999—2010年之间万元GDP用水量大于$1000m^3$的区域大多数位于西部地区,小于$200m^3$的区域大部分位于东部地区(罗永忠等,2011)。对长江—黄河流域灌区的研究指出,中国的湖南和江苏灌区2005—2012年平均灌溉效率仅0.60(陈晓玲,连玉君,2013)。农业用水效率影响因素较多,在不同地区也存在一定差别。从宏观层面来说,产业结构作为影响农业用水的重要因素,其第一产业、第二产业、第三产业的占比(Valta,et al.,2015)直接影响着水资源总量的分配状况。进出口需求以及地区水资源禀赋(Duraiappah,et al.,2005),渠水使用比例,水价和节水灌溉技术(Binet,et al.,2014)以及用水协会(Li,et al.,2015)等对灌溉用水效率有显著的影响。从农户层面来说,农户年龄、农业劳动力、灌溉面积、农业收入占总收入的比重、对水资源紧张的认识程度、用水成本、灌溉水来源、是否采取节水技术等都会影响农业用水效率(Fischer,et al.,2014;Abu-Allaban,et al.,2015)。已有研究显示,中国西北地区2006年农户最小用水效率仅为0.03,也就是存在97%的水资源浪费,全部样本的灌溉用水平均得分为0.31(Zhang,et al.,2014)。在西北地区典型区域甘肃省民勤县,农业用水综合效益经过三个阶段(Wang,et al.,2010;Wei,et al.,2016),第一阶段为2000—2003年,此阶段用水效率从0.22上升为0.42,第二阶段为2004—2008年,此阶段用水效率年均增幅为0.06,第三阶段为2009—2012年,用水效率最终达到0.76。

基于此,辨识农业层面水资源利用效率研究的方法与国家和作物层面存在较大差异,但是目前国内外农业水资源利用效率测度方法主要集中于三种,其中两种是直接通过产量与用水量或者作物的蒸散发的比值予以计算,这两种方法的优势为估算简单,测算方便,但是该两种方法有一定的弊端,那就是只能对单要素的产出效率进行测算,估算结果无法对多种投入要素的综合效果进行甄别。第三种方式则采取数据包络分析,该方法的优势为,可以通过非参数化的方程设置,将农业水资源消耗量内置入模型,估算农业层面的水资源利用效率。诸多学者对农业水资源利用效率估算结果因方式不同存在较大差异(表1-3),可以看出不同作物估算结果存在较为明显的不同。

表1-3　部分学者农业水资源利用效率估算方法与结果

Table 1-3　The previous methods for estimating water use

efficiency reiased by other scholars

作者	研究国家	产品	方法	农业水资源利用效率
Ali et al.(Tari,2016)	土耳其	小麦	wue = Y/ET	1.02 - 1.30kg/m³
Wei et al.(Wei,Du,et al.,2016)	全球	所有产品	WUE = Y/W	2.5 - 5.0kg/m³
Yang et al.(Wu,et al.,2015)	中国	小麦	wue = Y/ET	1.80kg/m³
Judy(Tolk,et al.,2016)	美国	玉米	wue = Y/ET	2.23kg/m³
Zhenhua Wei et al.(Wei,et al.,2016)	中国	西红柿	wue = Y/ET	49.41kg/m³
Mulubrehan et al.(Kifle,et al.,2016)	埃塞俄比亚	马铃薯	wue = Y/ET	1.6kg/m³ 2.86kg/m³
Isaac et al(Fandika,et al.,2016)	中国	马铃薯	wue = Y/ET	10.3kg/ha⁻¹/m³
Yiorgos et al(Gadanakis,et al.,2015)	英国	所有产品	DEA	0.51
Yang Wu et al(Wu,et al.,2015)	中国	玉米	wue = Y/ET	2.6kg/m³
Rui Chen et al.(Chen,et al.,2015)	中国	大麦	wue = Y/ET	0.56 - 1.52kg/m³
Taia A et al.(El - Mageed,Semida,2015)	埃及	水果	WUE = Y/W	2.96kg/m³
Dahai Guan et al.(Guan,et al.,2015)	中国	小麦	wue = Y/ET	19.2kg/ha/mm

作者	研究国家	产品	方法	农业水资源利用效率
Qingming Wang et al. （Wang,et al. ,2016）	中国	玉米	wue = Y/ET	2. 77kg/m^3 1. 37kg/m^3
Yanlong Chen et al. （Chen,et al. ,2015）	中国	小麦	wue = Y/ET	11. 4kg/ha/mm
V. Cantore et al. （Cantore,et al. ,2016）	意大利	西红柿	wue = Y/ET	12. 21kg/m^3
Innocent et al.	津巴布韦	玉米	wue = Y/ET	27. 5kg/ha/mm
Yubing Fan et al. （Fan,et al. ,2014）	中国	洋葱	wue = Y/ET	8. 71kg/m^3
S. Marino et al. （Marino,et al. ,2014）	意大利	西红柿	WUE = Y/W	19. 1 – 38. 9kg/m^3
S. Pradhan （Pradhan,et al. ,2014）	印度	小麦	wue = Y/ET	6. 08kg/ha/mm
Shulan Zhang et al.	中国	玉米	wue = Y/ET	8. 2 – 29. 2kg/ha/mm
G. Rana et al. （Rana,et al. ,2016）	意大利	朝鲜蓟	wue = Y/ET	8. 71kg/m^3
N. Pascual-Seva et al.	西班牙	油菜	WUE = Y/W	7. 08kg/m^3
Changlu Hu et al. （Hu,et al. ,2015）	中国	小麦	wue = Y/ET	5. 0kg/ha/mm
Majid et al. （Ashouri,2014）	伊朗	大麦	WUE = Y/W	1. 41kg/m^3
Hari Ram et al. （Ram,et al. ,2013）	印度	小麦	WUE = Y/W	148kg/ha/cm
Xiao Guoju et al. （Xiao,et al. ,2013）	中国	土豆	wue = Y/ET	8. 6kg/ha/mm

数据来源:经本文作者整理获得。

1.4.2 国内外效率估算研究现状

1.4.2.1 国内外效率理论研究现状

国内外对于效率的研究一直都是热点,尤其是随着经济全球化飞速发展,不同国家、不同区域之间效率与公平问题成为了大家诟病的关注点。特别是由于部分垄断企业与技术门槛较高的垄断行业,不同学者开始致力于效率估算的研究。

西方经济学家对于生产过程中效率的测度是极为关注的,特别是在发展效率与公平之间可能涉及的矛盾难以统一问题的研究较多,在学术争鸣过程中形成了较为经典的帕累托最优、不可能定理、庇古理论和卡尔多—希克斯理论以及萨缪尔森检验等辨识效率的不同标准。

1920年,庇古通过其著作《福利经济学》对效率在相关资源配置以及不同群体之间的收入分配理论进行了诠释。该理论将资源和收入纳入考核体系,对设置的标准、指标体系进行了详细的刻画,其主要的评判标注是资源配置中的最有效结果是私人的边际产值与社会边际产值一致,收入分配最优状态是所有的参与分配决策个体的收入状况都是均等的,表征个体不同货币产生的边际效用是相等的。

直到20世纪30年代,出现的社会经济现象对庇古理论提出了挑战,很多学者认为庇古理论存在较大的改进区间。基于此,学者进一步补充提出了基于帕累托最优的效率与公平评价标准。帕累托最优构建了新的评判标准与基础,帕累托最优是福利经济学经常采取的一种权衡方式。帕累托最优秉承的理念是整个社会经济已经达到一种状态,在这种状态下,如果想要改变现有的均衡状态,不通过损害某个个体利益来实现是不可能的,也就是说经济中的各项资源处于最有效的状态。

到20世纪30年代末,学者开始对帕累托最优模型进行修正与补充。此时,学者又提出了一种新的发展经济学理论,也就是较为典型的补偿理论,后来逐步发展,经过了多位学者的补充与完善。卡尔多评价标准假设一个改变的结果使得个体受到的损失在另一个个体得到的收益冲抵之后,收益还有剩余,这样表征变化会引致效率的改善,也就是提高。同样,希克斯则更进一步,该标准指出,在长时间序列中,对经济系统的某种变化冲击,如果冲击后的受益个体与受损个体之间的收益与损失相互抵消之后还有剩余,就标志着系统的效率提升了。

1951 年,不可能定理首次被阿罗在其发表的著作《社会选择和个人价值》中提出。该评判标准的主要原理在于阐述一种最优的属于"集体"偏好的最优方式是不可能的。究其原因,主要在于不同个体的决策过程中形成的个人偏好受多个因素影响,同样,根据不同偏好集成的集体偏好由于多因素影响也不可能达到集体最优。在实现集体最优的过程中,需要内嵌部分原理假设,这些假设主要为个人理性原则、有关选择方案的独立原则、帕累托标准、非个人独裁原则和定义域的非限制性假定等,但是在现实社会中,要实现这些全部的假设是不可能的,也就是说,想要从单个个体的偏好集成整个社会的偏好函数是不可能的,所以想要构建一种社会整体的偏好函数且这种函数还在社会所能接受的一切标准之内是较难的。

此后,诸多学者也进行了理论演化,最为典型的为萨缪尔森检验的标准,理念与帕累托最优基本保持一致。该标准实现了一种创新,改变了传统整个社会的资源配置视角,将资源的配置效率建立在产业市场配置基础上。该标准阐述是基于个人福利最大化行为,但是该行为是在市场选择基础上,在新的状态改变冲击之后,该种状态的组合产品结构和未改变的组合进行比对,新的冲击状态会引致系统内部至少一个人的状态变好而不会使任何人的状态变差,这就表征着这种状态是更加有效的。

1.4.2.2 国内外效率估算方法研究现状

农作物灌溉用水定额是实现水资源优化管理的重要组成部分。随着经济社会的发展,生活用水和工业用水将持续增长,对有限的水资源提出了更高的要求,农业经济发展面临着水资源不足和保证粮食安全的双重压力。农业用水优化配置是通过对水资源的优化配置,实现水资源的重新分配,从而实现水资源的高效可持续利用。水资源优化模型是通过科学系统的评估方法、决策理论与网络分析软件,对水资源进行统一分配与调配体系。在水资源的保护中应该以开发与保护并重的态势进行研究。

　　国外对于用水优化配置模型研究开始于20世纪60年代,而国内相关研究起步较晚,相关研究起步于20世纪80年代,但是近年来发展较快,研究逐渐从单一目标决策向多目标决策、从单一时间尺度向空间尺度、从单一作物向多物种、从单一水源向多水源逐步转变。本研究对国内外水资源配置研究优缺点进行梳理(表1-4)。

表1-4　农业水资源优化配置模型
Table 1-4　The allocation model of agricultural Water Use Efficiency

类别依据	类别	优点或优化结果	不足或待解决的问题
目标函数个数	单一目标函数	经济因素最大化为目标	只考虑了水资源使用效益,对于生态和经济的关注不足
	多目标函数	兼顾了经济、环境与生态效益之间权衡	对于研究中的指标权重的确认仍有待研究
时间尺度差异	基于时间尺度	不同合理选择时间步长	时间尺度的划分有待进一步深入
	基于空间尺度	提高配水精度,直观展现配水方案,便捷管理用水过程	在栅格尺度的研究上有待进一步深入
作物种类	单一物种	对于单一物种的农业用水需求刻度较为详细	对单一作物的刻画较为直观,但是对不同作物的研究较少
作物种类	多种作物	可以研究多种作物之间的相互配置方案	多种作物的研究忽略了作物的空间分布规律
灌溉水源	单一水源	对于来水量与水量的研究较为准确	对于水资源的统一管理较为缺乏
	多种水源运用	有助于对于灌区水源的整体管理	多源水资源的调度较为困难

类别依据	类别	优点或优化结果	不足或待解决的问题
模型个数	单一模型	对农业用水的单个过程进行刻画	连续性的研究较少
	集成模型	对用水的过程进行整体规划和刻画	对于不同研究之间的深入性有待开发
优化方法	动态规划方法	方法比较成熟	高维度的问题求解时间耗时较长
	田间实验方法	精确度较高	局限性较大,主要是地域性约束较多
	遗传算法	优化考虑到全局	方法的使用上有待进一步推广
	其他算法	求解速度较快、结果精度较高	优化结果的效果有待进一步优化

数据来源:经本文作者整理获得。

按照目标函数的个数分类来说,初期的农业水资源优化模型研究主要是以单目标为主,在设计的过程中主要以经济发展优先为第一要务,优化模型的设计也主要涵盖三个方面,一是单位面积净收益最大;二是单位面积产量最大;三是农业研究区收益最大(李金茹,张玉顺,2011)。但是这种以经济效益最大化为目标的单目标决策模型只是对农业研究区的作物尺度进行优化,对于切实关乎农户长期可持续发展的关键因素关注较少,而这正是农业水资源配置优化所应该着重关注的研究热点。同样,部分研究通过权重确定的方式将经济发展与农民收益结合为单一目标的方式,但是该方法无法反应效益与成本之间的关系。研究中经常以净效益最大化为目标的配置模型,主要实现的是以农业研究区效益与费用之间的差额最大化为目标,调控的杠杆主要是水资源费,但是在中国的经济发展中,水资源费偏低的状况一直存在,将其作为重要的因素考虑在目标决策中欠缺实践性考虑。随着模型的发展,开始出现了多目标决策函数概念。多目标决策是考虑生态环境中生态需水与环境需水概念的基础上发展起来的。生态需水和环境需水是与农业用水同等重要的水资源消耗方式。研究农业区域水资源的生产、生活、生态之间的分配对于区域的可持续发展具有重要意义（粟晓玲等，2016）。当前的研究中，以实现研究区经济、社会和生态环境综合效益最大化的研究较多，部分研究集中于对研究区水资源利用效率、水质、水权以及劳动力等因素对水资源优化模型。但是，对生态需水的刻画仍是研究的难点。

按照模型的时空尺度分类来说，模型可以分为基于时间尺度和基于空间尺度的优化配置模型。基于时间尺度的模型着重解决的是对研究区农业用水需求不同时间段的配置问题。通常的研究主要以天或者周为研究步长（谢先红等，2010），或者以作物的生长阶段为步长（时元智等，2012），步长时间越短需要的资料越为详细，需要的数据量越大；步长较长的适合于大尺度粗略估算，在优化过程中应选择合适的研究需求进行分析。基于空间尺度的模型着重解决田间尺度和灌区尺度的水资源优化。针对空间尺度的研究起步较晚，在中国国内的研究也处于探索阶段。研究主要集中于对灌区尺度的季节性农业水资源分配（Gwanpua, et al., 2015），以农民收益最大化为目标的灌区制度决策方法以及农业水资源灌溉定额在空间上的差异性与异质性等（谢先红，崔远来，2010）。通过空间尺度的资源配置模型研究，可以实现直观的研究，对于中国的水资源流域管理具有较为重大的突破性优势。

按照作物种类来说，可以分为单作物水资源优化模型和多作物优化模型。单作物优化模型解决了在水量一定的情况下，作物的不同生产期对水资源的配置状况。主要依靠作物的生长水分系数，也就是作物产量与水分需求之间函数关系，根据作物期对水资源的敏感程度，合理安排水资源的量，达到作物产量或者产值的最大化（潘登等，2012）。但是该种研究由于针对的作物不同，其敏感度也存在较大差异（韩松俊等，2010），生长过程中水资源的安排也需要针对不同作物进行细化（Foster, et al., 1998）。多作物优化模型则是在灌溉区域水资源总量一定情况下，实现不同作物用水量的配置状况,其目标也十分明确,实现灌区经济效益最大化。相关研究通过设置约束条件,包括人民生产生活条件及环境刚性约束,提出区域农业种植优化配置模型。

按照灌溉水源不同,可以分为单水源的管理模型和多水源管理模型。单水源管理模式的研究主要是指针对某种水资源研究,包括地表水和地下水等。研究通过评估地表水资源状况,提出了地表水资源分配的原则。同时期的其他研究同样通过建立地下水资源使用与农业需水之间的模型进行分析,对过境水资源的研究也集中于对灌区水资源的优化方面(周惠成等,2007;梁美社等,2010)。多种水源联合调度模型集中于解决区域水资源紧张的问题,实现总体水资源利用的效益最大化。相关研究开始集中于解决地表水、地下水之间的联合调度问题(杨丽丽等,2010),已经取得了部分进展,主要体现在通过水库与地下水资源之间的联合耦合模型实现生态环境需水与下游需水之间的优化(徐万林等,2010)。此外,按照模型个数来说,可以分为单一模型和集成模型;按照优化方法来分,则包括动态规划方法、田间试验方法、基于遗传算法的优化模型和基于其他算法的优化模型等农业水资源优化配置方法。

综上所述,尽管从不同角度来说,着重解决的问题落脚点存在差异,但是农业水资源优化配置模型实现的是水资源高效利用,经济高速发展,社会协调耦合的发展模式,因此,进行多区域、多种水资源需求的配置模型研究刻不容缓。

1.4.2.3 国内外农业水资源效率影响因素研究现状

水资源利用效率是指在既定的投入与水资源要素配置的状况下,实现水资源的效率提升的过程。水资源利用效率的影响因素众多,地区和行业差异会导致水资源利用效率的不同,对中国 30 个省份(不包括西藏)的水资源利用效率测算研究指出,中部地区的水资源利用效率最低,东部地区的水资源利用效率最高,水资源利用效率与人均收入之间呈现出倒 U 形关系(张伟丽等,2011)。有研究也指出,水资源利用效率不同的主要原因是经济发展水平的不同。其他对中国 31 个省份的相关研究说明经济发达地区的农业用水效率较高,农业生产水资源在总水资源消耗中所占的比重以及万元 GDP 水资源利用效率与水资源利用效率之间呈现正向相关关系(Moss,et al.,2010)。而从南北方向来看,表现为南方地区的农业用水效率略高于北部地区。对农业用水效率的研究也指出,华北地区的农业水资源利用效率最高,华南地区效率最低(刘信刚,2012)。行业间的差异性对水资源利用效率的影响主要体现在不同行业对水资源的需求以及用水效率存在较大的差异,交通设备制造业的水资源边际生产力为 26.8 元/吨,而发电行业的水资源生产率仅仅为 0.05元/吨。

此外,价格因素也是水资源利用效率的重要影响因素,水价的变动会影响水资源的需求与供给,从而影响水资源利用效率(贾绍凤等,2000)。而水价也是作为调控水资源分配的重要手段,在水资源供需中扮演着重要角色。水价对水资源利用效率的影响主要通过不同水价对于水资源的供需调整并改变水资源弹性,相关研究也明确指出产业用水的价格弹性为 - 1.03,说明可以通过利用提高水价的方式来提高水资源的利用效率。农业水资源的研究说明提高灌溉水资源用水价格会增加整个社会、经济、生态中的水资源利用效率,但是影响与作用方向可能存在差异。

技术进步是影响水资源利用效率的关键影响因素(袁宝招等,2007)。但是对于技术效率的测度目前还没有比较权威的指标。部分研究采用人均教育水平对技术水平进行研究,但是该指标表征的概念为教育水平或者说是人力资本的概念,其中表征的技术进步不能显示。其他研究也指出,技术效率不高是水资源利用效率较低的主要制约因素。

具体落实到农业水资源影响因素层面,涉及的因素众多,国内外相关研究也较为丰富。对影响因素的刻画也从不同层面展开,从自然、社会和经济层面来看,影响因素中自然因素囊括年降水量、气温状况、主要作物播种面积、水资源量等。经济因素囊括农业产值、主要作物产值占比;社会因素则囊括了人均教育支出、农村劳动力;还有一些政策及设施原因,主要囊括政府财政支出、流域节水技术投资、机井数量等。此外,从县域尺度的影响因素识别则主要从不同要素的价格指数、农田水利灌溉设施、作物种植结构、农业用水获取能力、经济发展特征和自然条件等。农户层面的水资源利用效率影响因素囊括户主年龄状况、受教育年限、农业劳动力数量、总收入状况、种植面积、水费等。

1.4.3 文献述评

农业水资源利用效率及影响因素的测度研究一直是影响农业生产的重要科学问题、学者开展研究主要集中于研究农业水资源利用效率、水资源承载力以及水循环、水足迹等部分。农业水资源的需求与利用效率也有相关学者进行了研究,但是农业水资源利用效率的测算方法与指标千差万别,例如部分学者采用产量的农作物耗水量,而部分学者则基于万元GDP用水量来测度,二者在本质上存在较大差异性,直接导致的结果就是各种学者测算结果之间不具有可比性,也就是目前缺乏一个统一测度的指标进行分析。在研究层面上,国内外学者的研究对于宏观层面的农业水资源研究较多,而由于数据限制,对于微观层面的研究有限,同样在微观层面的水资源利用效率辨识也存在一定的难度。因此,采取较为合理的农业水资源利用效率辨识指标在微观层面上进行研究具有较大的科学研究价值。此外,对于农业水资源利用效率影响因素的研究也存在较大差异,具体来看,测度指标和测度方法千差万别,进行细致的刻画十分必要。

综合国内外现有研究,虽然在农业水资源利用效率与影响因素方面已经取得了较为丰硕的成果,但是基于分尺度(县域和农户尺度)等研究还比较薄弱。本研究在现有研究成果的基础上,通过对现有研究较为不足的地方开展研究,对农业水资源利用效率在本书中的研究单元进行界定。在此,基于县域和农户视角,通过计量经济学分析,对农业水资源利用效率进行科学判断,对现有研究进行补充与完善。

1.5 研究主要内容与技术路线

1.5.1 研究主要内容

黑河流域作为中国典型的内陆河流域,虽然每年的降水量稀少,但是蒸散发状况却尤为强烈,该地区的产业主要以农业为主,该地区的水资源主要是以农业需水的形式消耗(Wallace,2000)。2011 年,黑河流域农业的灌溉耗水占总水资源消耗量的 87% 以上(李金茹等,2011)。从种植结构可以看出,研究区的农业种植区主要集中在黑河流域周围,种植结构中制种玉米占较大比重。为切实保护黑河流域水资源合理高效的利用,切实改善下游水资源生态恶化的趋势,国务院于 2001 年批准实施《黑河流域近期治理规划》,至 2010 年规划确定的治理任务全面完成,实现了年节水 2.55 亿立方米的治理目标。自从 2004 年以来,内蒙古东居延海不再出现干枯,并且多年来该区域的最大水域面积可以达到 45 平方千米,下游生态得到有效改善(Ponce,et al.,2012)。张掖市通过用水结构调整,单方水 GDP 产出由 2.8 元提高到 11.6 元,取得了明显的生态、社会和经济效益。

本研究以甘肃省黑河流域绿洲农业的发展关键区域作为研究区,针对该区域的绿洲农业水资源现状以及农业水资源利用效率和关键影响因素进行研究,旨在揭示出农业用水效率在区县和农户尺度的差异性特征,厘清农业生产系统中水土资源要素之间的互馈关系。关键科学问题包括以下三个方面。

(1)黑河流域绿洲农业用水的现状及区县的用水效率和关键影响因素是什么?

(2)从农户尺度出发,农业水资源利用效率现状和关键影响因素是什么？

（3）黑河流域绿洲农业水资源和土地要素之间替代弹性如何？二者对于农业生产的作用方向与大小如何？空间差异水土资源表征在生产过程中的空间异质性如何？

本书主要围绕农业水资源利用效率在区县和农户尺度开展研究，设置黑河农业区作为研究区域，结合统计数据与实地调研数据，内嵌计量经济学分析，定性与定量相结合的方式描述干旱半干旱地区农业水资源可持续发展关键路径。本书共分为八章，各章的主要内容如下。

第一章：绪论。本章主要以国家的方针、政策以及全球水资源使用现状出发，厘定本书研究的背景，探求主体目标以及涉及的研究总体框定与技术路线架构等，为本书的主要研究目标与意义设定背景。从国内外研究现状进行梳理，辨识国内外相关研究现状，凝练文献述评，对当前研究的缺口进行了辨识，识别出当前农业水资源利用效率研究的缺项。

第二章：相关概念与理论基础。从农业水资源、农业水资源利用效率以及阻尼效应等概念出发，理论层面囊括多种农业水资源相关理论，并将农业的理念涵盖在内。这些理论主要包括可持续发展理论、水资源价值理论、生态系统理论、区域协调发展理论等，本章进行详实描绘与阐述，得出了本章研究内容。

第三章：黑河流域水资源利用现状分析。从水资源的供给与需求等不同的角度，对黑河水资源的现状进行分析，从而识别出黑河农业区水资源供需缺口。此外，本章还对黑河流域农业生产相关联的自然与社会经济状况进行探究，识别出制约黑河流域社会经济与生态保护之间权衡关键症结所在。

第四章：黑河水资源对农业生产影响分析。水土资源在农业生产中是重要的生产资料，本章从生产端出发，将水资源和土地资源在农业生产中所起到的作用进行分析与厘定，最后，通过区县尺度的空间差异识别，对水土资源内部的替代弹性以及多种资源对于农业经济增长的经济作用力进行分析，并通过对关键影响因素抽取，匡算了影响水土资源要素对农业经济增长力的因子。

第五章:黑河流域农业水资源利用效率差异分析。本章从县域尺度出发,主要通过二手数据,也就是对统计年鉴数据的收集与整理,对黑河农业区域的农业水资源利用效率进行了推演与模拟,并将这些结果进行时间与空间上的异质性辨识。更进一步,从农业用水主体,也就是农户尺度对农业水资源利用效率进行分析,识别了农业水资源利用效率的变动状况。

第六章:黑河流域农业水资源利用效率影响因素分析。本章主要通过运用计量经济学 Tobit 模型方法,对县域尺度和农户尺度的水资源利用效率影响因素进行了辨识。

第七章:农业水资源利用效率提升对策建议。在县域与农户尺度农业水资源利用效率影响因素分析的基础上,衍生了本章的主要研究结论。本章着眼于黑河农业区但又不仅仅研究该农业区,提出针对干旱半干旱地区农业水资源可持续发展的对策与建议。农业水资源可持续发展的对策主要从县域以及农户两个层面进行辨识,分析的结果将为干旱半干旱地区的农业可持续发展提供科学支撑。

第八章:研究结论与展望。本章主要对本书的研究结论进行梳理,厘清研究创新之处以及本研究可能的不足,为未来相关研究提供借鉴之处。

1.5.2 技术路线

本书研究技术路线遵循提出问题、识别问题、解决问题的思路,首先从中国的水资源供需现状(国家总体状况)、甘肃省的未来水资源发展规划(未来发展需求)、研究区水资源供需现状出发(当前研究区水资源供需缺口),对制约研究区农业水资源利用的关键问题进行识别。

在识别基础上,通过水土资源对农业经济发展过程中作用力识别,分别估算出水资源和土地资源对农业发展总体作用力,并对水土资源综合作用力进行估算,估算出的三种作用力又进一步识别了影响因素,通过计量经济学模型对研究区关键问题进一步识别。此时,为更好地解决这一问题,对农业水资源利用效率现状进行匡算,分析过程中采用县域和农户两个层面,对农业水资源利用效率进行了测算,并基于研究结果基础上通过厘定水资源利用效率的影响因素,识别出影响县域和农户层面农业水资源利用效率关键影响因素,为辨识针对性的管理政策提供解决路径(图1-1)。研究过程秉承一脉相承,关键识别水资源与土地资源之间替代关系、水资源与土地资源对农业经济增长的作用力、农业水资源在区县和农户尺度的农业水资源利用效率以及影响因素,最后,针对实现农业可持续发展提出了县域以及农户层面的发展建议与对策。

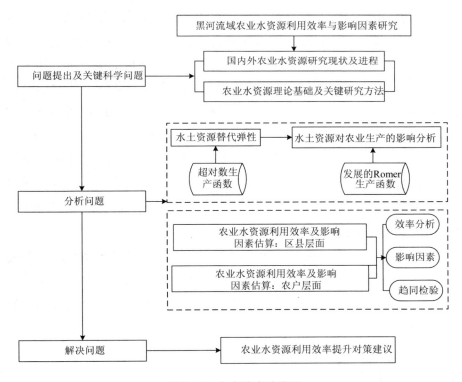

图1-1 本书技术路线图

Figure 1-1 Technology Routemap

1.6 研究方法与数据来源

1.6.1 研究方法

本书主要的研究方法如下。

（1）前沿面测度方法。本书主要利用的测度方法囊括数据包络分析方法和随机前沿分析。数据包络分析方法关键是采取实证数学规划的方式求解数学最优解的过程。该方法旨在通过非参数的方法估算出生产前沿面，凡是生产有效的决策单元都落在前沿面上；随机前沿分析方法采取一种有别于数据包络分析的方法，关键是采用参数制备的方式对前沿面进行估算。此外，本研究还通过 t 检验和 Person 相关检验对两种方法的估算结果进行比对。

（2）回归分析（Tobit 模型）。本书在估算出不同层面的农业水资源利用效率之后，还需要对模型进行影响因素估算，考虑到估算出的农业水资源利用效率的值一般是处于 0～1 水平之间，因此，本文主要采用受限的回归模型 Tobit 进行分析。

（3）水资源利用效率趋同性检验。趋同检验主要是指在经济发展过程中。区域的农业水资源利用效率的离散程度随着时间推移逐步减少的过程，本研究采用了多种趋同检验的方式，对区县间的农业水资源利用效率进行检验。

1.6.2 数据来源

本书研究过程中，设置的研究分为两个层面，第一个层面为县域层面，第二个层面为农户层面，两个层面的农业水资源利用效率估算结果互补并内置影响因素，通过计量经济学测算，从不同维度进行了测度。

县域尺度的数据主要来源于 2003—2013 年的《张掖统计年鉴》、《酒泉统计年鉴》及中国科学院农业政策研究中心 SIMLAB 研究小组。农户层面数据主要来源于 SIMLAB 研究小组实地调查获得,获得时间为 2015年 7—8 月,调研地点为甘肃省黑河农业区。在调研农户数据的选取与设计之初,就考虑到了样本可能的随机性受到影响。在当地的调研过程中,尽量采取抽样调研,通过农户名单抽取结合种植面积以及用水状况等情况,尽量满足农户调研情况的随机性。

调研过程中,共发放调研样本数据 140 份,回收样本 121 份。但由于本次分析着重对于农业水资源利用效率进行分析,因此对样本进行筛选与剔除之后,共有 84 份农户的生产经营活动进入分析过程。调研样本覆盖了甘肃省张掖市和酒泉市的甘州区、山丹县、民乐县、临泽县、高台县和金塔县的 14 个样本乡、镇下辖 23 个村,覆盖点分布密集且代表性较强。对于数据样本量较少的问题,本书作者进行分析得出原因,由于在调研过程中存在部分农户土地不进行或者无法灌溉。

1.7 本章小结

农业水资源利用效率的研究一直是学术界的热点,特别是近年来国家对于农业生产关注度极高,2017 年,国家中央一号文件集中于农业供给结构性侧改革,着重提升农业投入资源利用效率,这为本书的研究提供了必要性。本章从论文的立意与关键解决的问题入手,对与水资源相关的国内外研究现状进行了分析与梳理。梳理过程中对绿洲农业、农业水资源利用效率、国内外效率估算研究等方面进行了归纳。通过对国内外研究状况梳理,设置出了当前研究的缺项,结果显示当前研究需要采用更加合理更加有效的农业水资源利用效率辨识指标,这些指标不管是在国家、区县还是农户层面都是十分必要的。此外,本章还对整个文章研究各章设计与技术路线等进行了阐述,阐述过程中,从设计之初的研究理念出发,提出疑问,为下文的开展框定研究范畴。

2　相关概念与理论基础

2.1　相关概念

2.1.1　农业水资源

农业水资源是农业生产中的重要生产资料。中国从 20 世纪 90 年代开始已经成为世界第一大用水国,其中,农业水资源的消耗占据较大的比重(韩宇平,阮本清,2007)(王勇等,2010)。《水法》将水资源标定为地表水和地下水,但是这一规定并未对水资源概念做出科学界定(郑利民等,2015)。一般来说,目前学术界比较认可的概念中,农业水资源的概念主要界定为广义与狭义两个层面。从广义来说,农业水资源包括从事农、林、牧、渔生产所消耗的水资源,包括地表水、地下水以及降雨等(钱大文等,2016)。从狭义来说,农业水资源主要指从事农业生产所消耗的水资源。

2.1.2　农业水资源利用效率

农业水资源利用效率一直是学者争相研究的热点。对其概念界定,目前比较常用的为在农业生产中使用的水资源与产出水平之间一个相对比较值。诸多学者也针对农业水资源利用效率的提升与改善措施做出了尝试,同时也得出了许多研究结果。农业水资源使用量可以从两个方面来减少,第一个方面为通过对总量的控制,达到节约用水的目的;第二个层面为提高农业水资源利用效率,在技术水平和用水总量不变的情况下,通过对关键影响效率因素进行辨识与改善,进一步提升农业水资源利用效率,最终达到节水的效果。此外,农业水资源利用效率的提升将为改善干旱半干旱地区整体水资源供给需求的不均衡状况提供重要着力点。开展黑河绿洲农业水资源利用效率的研究将为生态约束、经济发展约束下合理利用水资源提供科学支持。但对于农业水资源利用效率测度的研究,不同的学者之间存在较大的差异,部分研究直接将农业水资源利用效率等同于农业灌溉效率(赵海莉等,2015)。本书研究的农业用水效率是在产出不变的情况下,最优使用量与实际使用量的比值,该指标为评价农业水资源利用效率的重要指标(Liu, et al. ,2008)。具体来说,在研究假设过程中,在既定的投入要素情况下,一定存在一个最优使用量,这一使用量是理论上可以达到的最优使用量,但是实际使用量存在一定的资源浪费与消耗,就出现了实际与理论之间的差异,本文中采用农业水资源利用效率来表征。2005 年,水利部制定了《节水型社会建设评价指标体系(试行)》,在该指标体系中囊括了许多与农业生产相关的水资源关键识别标识。这些指标具备一个特征,就是多关注于农业水资源使用总量的状况,但是对于单方水所能产出的农业产出关注较少,这样就需要更加合理的指标来进行农业水资源利用效率估算。

农业水资源利用效率是指在现有的经济环境技术条件下,为实现资源的最大限度的使用,所实现的以投入最小化和产出最大化最终目标。农业水资源利用效率测算出的是经济生产过程中水资源的相对利用效率,其估算方程表述为最优投入/实际投入。使用该指标具有以下优势,相对于单要素产出函数的厘定,该方法计算出的是一个不大于 1 但是大于 0 的数,该结果剔除了量纲以及单位对于结果的影响,能够较为客观地描述出农业水资源利用效率的状况。在实际生产过程中,农业水资源利用效率可以具体细分为技术效率、配置效率和规模效率。其中,技术效率是指在既定的生产产出水平下确定的要素投入效率;配置效率是指由于管理上的无效率而造成的管理浪费;规模效率是指在实际的生产中由于规模所造成的限制。本书的农业水资源利用效率等于技术效率、配置效率与规模效率的乘积。

2.1.3　阻尼效应

阻尼效应来源于物理学中的概念,主要是指在系统变化过程中,由于受到外界的作用或者自身的原因而出现的振动幅度下降的现象(万永坤等,2012)。在物理学中,由于阻尼效应的存在阻碍了物体的正常运动。

阻尼的作用主要体现在两个方面。

(1)阻尼振动会减少系统中的振动幅度,逐步降低变动幅度直至最终的变动终止。

(2)阻尼作用的效果是双向的,一方面可以减缓系统所受到的冲击,但是另一方面也会阻碍系统的进一步变动,让受到冲击之后的系统很快恢复到稳态。

在本研究中,水土资源要素作为农业发展中重要的资源,首要作用是对于农业的发展起到支撑作用,但是,同样,水土资源在农业发展到一定阶段,由于其增长空间有限,将对农业起到阻尼作用(张文爱,2013),尤其是水资源在干旱半干旱地区的作用更为突出,其对农业发展的阻尼效应也更为明显。

2.2　可持续发展理论

可持续发展理论发展经历了多个阶段,目前已经成为比较成型的指导理论。经过不断的推演与发展,可持续发展理论已经成为不少国家的发展战略。特别是面对资源与生态环境双重压力的状态下,各国已经将发展目标调整为协调社会、经济与生态之前的相互权衡的可持续发展(曹继萍,2009)。具体到水资源的可持续发展来看,需要从整体上进行设计与架构,也就是将研究涵盖整个流域,突破传统的单部门管理或者是划块划片的管理方式(荼娜等,2013),突破地域上的限制,实现区域间水资源环境以及生态系统健康、有序发展,同时,也实现了不同经济权属之间的权衡。

可持续发展就是要把传统的以经济发展为纲的理念转变为以经济、社会、生态有机体协调发展为终极目标。具体来看,可持续发展理念的主要内容包括:第一,要设定好经济发展的方式。可持续发展并不是不发展或者否定发展,只是将发展方式向资源更加节约、效率更加高效的经济增长方式。变,将由于经济增长带来的环境压力降到最低,将传统扭曲的经济发展方式进行纠偏与调整,转变经济发展方式,提炼新的路径与方式,将经济传统的粗放型发展方式转型成为集约型的增长方式;第二,可持续发展依托的基底为自然资源。在自然资源的使用过程中考虑环境的承载力,采取一定的经济手段、技术措施以及其他的政府干预等方式达到"可持续发展"的目标,技术工艺上通过改善利用效率或者是通过新产品的研发来进行替代,实现经济活动过程中单位产出降低废弃物的目标。第三,可持续发展的理念是与当时的社会经济发展相适应的。定位于改善人民生活质量这一目标,实现内涵更为丰富的经济发展。不仅仅局限于人均 GDP 的提高,而是将经济发展看为社会经济结构的优化,通过可持续发展实现社会发展的终极目标。第四,可持续发展表征的是对环境资源价值的认可。资源价值从表现形式上主要为要素对于经济发展的支持功能和服务功能,主要计算方式是采用生态系统服务功能来估算,对于可能的环境价值与效益,也将一并考虑。第五,可持续发展所依托的框架需要一定的政府政策与法律体系的支撑作为保障。改变以前的部门单独决策、闭门商讨以及单因素决策方式,改为"综合因素决策"并内嵌"公众参与"理念,为科学决策、实现可持续发展状态的延伸与拓展(李锋等,

2007;李双杰等,2007;高鹏等,2012;樊杰等,2015)。可持续发展理念是一种渐进的过程或者说是状态,在发展过程中应该秉承着经济可持续、社会可持续和生态可持续发展。

可持续发展的理念来源于1987年世界环境与发展委员会阐述的可持续发展的内涵。这个层面上的意思应该包括以下几个方面。第一,公平。也就是说不仅仅要实现当代人之间资源分配的平等,而且要实现代际之间的平等,实现当代人和子孙后代能够同等的享受资源和利用资源的机会(曾贤刚等,2012)。第二,可持续性,也就是说在当代人发展过程中,一定要考虑资源禀赋与资源的可再生速度之间的权衡对等关系。发展中一旦超越了资源禀赋发展的极限,那么人类需要承受的来自大自然的"惩罚"也是不能承受的。发展如果超过一定的限制就会导致人类的退步(牛文元,2012)。第三,共同性。共同性原则是虽然在发展过程中,各个国家所处的发展阶段不同,对资源的消耗速度和能力也有所不同,但是在全球合作实现可持续发展过程中不应该有较大的差异,也就是说各个国家应该承担共同但有别的全球可持续发展责任,实现全球治理,保护人类赖以生存的家园(邬建国等,2014)。第四,时序性。表征在发展过程中,由于不同国家对资源利用与需求的阶段不同,部分国家由于发展较早,对资源的消耗就较多较早,尤其是发达国家,由于发展较早,对资源进行掠夺式开发,但是发展中国家由于发展较晚,部分资源已经为发达国家控制,这不利于发展中国家的发展。虽然目前全球都对资源与环境保护上加大了力度,但是在这一过程中应该考虑不同的发展阶段,发达国家承担较多的责任,发展中国家的责任要少一些。秉承着可持续性的原则,人类应该为自身发展中的资源与环境的消耗买单。

在水资源的使用过程中,可持续性的原则表征为人类在发展过程中,特别是处理好人与自然之间关系中,必须将活动限定在资源与环境可以承受的范围之内,避免由于发展导致资源和环境的极端恶化。同时,依据上述理念,衍生出了资源和环境保护理念,包括资源的有偿使用原则、水资源的保护与修复原则等,这些都是为了弥补人类在发展过程中的资源损耗,框定资源和环境在发展过程中的度的问题,这样才能使得水资源得到合理的利用与保护。公平性原则则主要体现于流域内部的水资源保护成本以及由于保护所能产生的效益应该归大家共同支付或者享受,特别是在不同的行政主体、行政职能部门之间,由于多头领导造成的不对等或者职能不明确的要及时纠偏。共同性原则是指水资源的保护与使用过程中部分短期内是局部问题的区域在转化之后成为更大范围的全局问题(王树义等,2012)。因此,在设定水资源使用过程中要考虑整体全流域的整体协调发展,也就是说与水资源保护相关的利益相关者要共同承担在水资源保护过程中的成本并分享由于保护带来的效益,建立水资源补偿机制,明确各方的权责,形成完备一致的水资源保护机制。

2.3 生态系统理论

生态系统是人类生存和发展的基础,其中自然资源和环境资源是最基本的生产生活资料。自然资源涵盖的范围较为广泛,不仅仅包括物化的自然资源,包括有土地资源、水资源、矿物资源等,同时还将环境资源,包括环境中的气温、气候、环境管理容量等理念囊括在内(陈德辉等,2000)。生态系统的自然环境资源与人类之间的关系是密不可分的,尤其是人类的生产经营活动,在整个过程中,人类通过生态系统将资源使用之后,将产生的废弃物排放进入生态系统,对生态系统造成了不可挽回的破坏(杨东方等,2013)。尤为需要注意的是,人类的这种随意排放行为造成的影响是不可逆的,仅仅是人类单方向的向自然环境排放垃圾,最终导致的结果是自然环境甚至整个生态系统遭到严重破坏。作为生态系统循环两个圈上的两个端点,人类和自然环境架构的循环形成一个闭合的回路。这种回路是一个类似于蛛网的平衡状态,如果污染在一定的范围内形成扰动,闭合回路会通过自身修改,逐步向稳态递进,而超过一定的平衡之后,就会出现逐步向外发散的恶性循环,也就是人类的活动超过了界点,就会将生态环境中的平衡态打破,进一步破坏后的自然环境又将这种状态反馈到人类生活中(张绍良等,2016)。这种闭合循环的回路体现了二者之间的因果转化关系(王如松,2008)。生态系统中内嵌了生态的最大适应范围概念,也就是生态系统中能够用来实现经济增长的自然资源的那部分数量和质量,搭建与人类生产活动相互联系的纽带,用来保证人类赖以生存的自然资源可供使用的部分(梅亮等,2014)。从本质上来说,就是要保证一个环境有序、健康地发展,需要设定生态最大适应范围大于经济增长的速度(俞国方等,2008)。中国正处于经济快速发展的阶段,对资源的需求与消耗能力也比较大,在发展经济过程中,中国对资源环境进行了大量的消耗,但是随着国家对生态文明的更加重视,中国正在对已经遭到破坏的生态最大适应范围进行修复(景星蓉等,2004)。对于水资源生态系统来看,比较有效的补偿方式为实施相应的流域补偿计划,以流域整体作为研究对象,考虑流域在研究过程中的连续性与流动性,同时考虑不同行政区划之间的职责交互性等(娄美珍等,2009),在水资源的开发与利用过程中要考虑水资源生态系统所能产生的外溢效应(孙振领等,2008),避免由于不同部门之间协调上的规划不一致问题,导致出现水资源开发无序、水资源保护无人的局面。

2.4 水资源价值理论

人类对于水资源的属性认知也随着人类对水资源了解的逐步加深进行拓展,逐步将水资源的价值拓展为包括自然价值、社会价值、环境价值、生态价值(查淑玲,孙广才,2004),尤其是水资源在生态系统功能中所起到的水源涵养功能和社会服务功能,这些价值共同赋予了水资源特殊的价值属性。

从自然属性来说,水资源自然属性中的可再生性与时空分布不均匀特性进行刻画(蒋剑勇,2005)。一般来说,水资源的循环还会伴随着一系列的自然界物理或者化学过程以及生物发展过程,其中典型的就是水流对地貌形成的侵蚀作用,在流动过程中的泥沙沉积和搬迁过程,包括地表的化学元素移动过程,土壤的变化与演进,植物蒸发等。从社会属性来说,在整个流域尺度,不同的利益相关者应该享有平等的使用权,但是与其他社会属性相比,用户的生存发展用水是排在最先优先序的(吕翠美等,2009);特别需要注意的是,水资源的整个开发使用过程应该秉承着公平与可持续发展的原则,将居民用水公平、流域公平、城市与农村之间的平衡、不同代际之间的公平等(李怀恩等,2010)进行综合效应厘定。从所有权层面来说,水资源的所有权归国家所有,但是在市场经济发展的今天,所有权与使用权相互分离已经可以实现,也就是说,水资源作为一种公共物品,对可以使用到水资源的区域内居民来说,每一位居民都有平等享受该种资源的权利,水资源本身公共物品的属性也就是非排他性和不可分割的特点决定了该种物品的公共性。水资源在生产与生活中重要的生产资料特性,在社会经济发展过程中起着重要的决策支撑作用,也就彰显了其本身的价值(李良县等,2008)。水资源本身的价值大小是根据水资源的稀缺程度和开发过程中需要消耗的资源来决定的。作为可以相互交易的物质,水资源在市场机制的作用下,通过不同水资源使用者之间的交易,实现水资源供需的平衡,从而实现水资源的价值最大化,这样就产生了水资源的经济价值(彭晓明等,2006)。

从生态属性来看,水资源的整个空间异质性与水体质量对生态系统起重要作用。水资源在地球上是生物生存和繁衍重要的生产要素,也是对生物多样性、生态平衡起重要支撑保障作用的资料,为所有的生物保障了生存所必须的条件(魏丽丽,2008)。水资源本身不仅在降解污染物质、净化污染物方面有重要作用,还能够对空气中的污染粉尘进行吸附,达到净化大气的目的。水资源的物种价值链接属性将自然生态系统和社会经济系统以人类为纽带紧密地结合在一起。综合将水资源价值进行诠释,并将水资源生态服务功能内置(倪红珍,2004),水资源经济服务价值涵盖农业灌溉用水、居民生活用水、工业生产用水、发电等其他活动,生态服务功能包括水资源水文平衡功能、净化空气(高鑫等,2012)、美化环境、防风固沙、减少侵蚀、维持整个生态系统平衡等功能(姜文来,1998)。这也就要求,在水资源的配置中,不仅仅要将初始分配满足公平要求,还要对分配之后的权责利进行明细化约束,将水权框架进行顶层化设计。

2.5 区域协调发展理论

中国在不同的发展阶段,所表现出来的发展协调理论也呈现较大差异,主要经历的 3 个阶段为均衡阶段—不均衡阶段—协调阶段。在中华人民共和国成立初期,中国主要以区域平衡发展理论的指导(杨刚强等,2012)。到改革开放后,国家开始提出注重效率提升的重点发展理论,先让一部分地区发展起来,然后让先发展起来的区域带动后发展区域,也就是后来占主导思想的梯度理论。但是,后来随着东西部差距的逐步拉大,学者开始提出新的理论,其中具有代表性的主导思路为 T 字形发展理论,这一阶段是区域发展中性阶段(李裕瑞等,2014)。后来,中国的改革开放进程加快,开始出现了一批以"区域协调发展"理念为核心的学者。其中,具有典型代表性的有"非均衡协调发展""区域经济动态协调"。"非均衡协调发展"是指一个国家的非均衡状态是必须要经历的状态,但是作为一个整体,国家的不同地域、不同产业之间最终是一种区域均衡的状态,也就是将各种产业的效率归于一体化的融合增长和协调理念,通过一定程度的倾斜与适当阶段的协调发展过程,在逐步发展中寻求一种均衡状态(孙海燕,2007)。"区域经济动态协调"虽然也在发展中逐步实现协调有一定的体现,但是与前者不同之处在于,该种理念强调的是在适当的时候要有适当的节奏对某些特殊需要优先发展的产业给予支持,适时优先发展这些产业,逐步使整体产业达到平衡(范恒山,2011)。在发展过程中,更加强调的是重点发展与全面协调之间的平衡,动态调整的终极目标是实现全面协调发展。此外,诸多理念也在前人的基础上逐渐成型。相关学者将梯度理论的内涵内嵌了多个维度理念,包括自然要素、社会、经济、生态环境和制度等不同维度概念,结合梯度理论中的不同层面的含义,通过不同层面之间的相互联系等链接,将广义的梯度理念嵌入区域协调发展理论中(覃成林,2011)。其他理论则从经济增长理念出发,将区域的协调增长在实现区域协调发展的重要意义进行辨识。该理念指出,产业集群可弥补梯形协调理论和经济增长极的理念上的不足,与中国现在的国情基本吻合,尤其是关系到当前东中西部差距较大的实际情况,产业集群以通过对不发达地区的比较优势的发挥,促进这些区域的经济内生增长,这种理念有助于实现区域上的创新。发展区域创新理念,可以避免政府的过多干预与影响。党的十八大之后,为加快中国的区域协调发展,中国政府提出了许多新的发展理念,其中包括多措并举推动丝绸之路经济带发展,同时海上丝绸之路理念也深入人心,其中涉及的发展规划还包括京津冀一体化理念、长江经济带发展等。这些区域协调发展的措施为中国由内而外发展注入了新的活力。

水资源在区域的发展过程中更多体现的是实现各区域之间的胁迫作用。特别是对于干旱和半干旱地区的黑河来说,流域内部的上中下游之间存在一个发展的矛盾。如果上游想要发展工业(装备制造业)等对水资源需求较大的产业,那么势必对中游和下游的水资源需求形成威胁,而下游如果要保持生态基本用水,那么会加剧上中下游之间的区域协调发展急迫性,实现统一管理来完成区域的可持续发展。

2.6　本章小结

　　本章从基本概念和理论基础出发,对农业水资源相关概念进行了厘定,囊括农业水资源、农业水资源利用效率、阻尼效应等概念。此外,对农业水资源利用理论基础,包括可持续发展理论、生态系统理论、水资源价值理论、区域协调发展理论等进行理论关联性辨识,为本书后续展开研究奠定理论基础。

3 黑河流域农业水资源利用现状分析

3.1 黑河流域水资源状况

在 2012 年颁布实施的《国家农业节水纲要(2012—2020 年)》中,从国家层面对中国的高效节水方案进行了框定,标志着无论是中央还是地方政府,已经开始对农业节水潜力提到了前所未有的关注度。农业层面的节水一直是中央以及地方政府追求的目标,多年以来,中国建立了 100个以上的节约用水试点,主要为国家级别的节约用水试点,颁布与水定额以及节约水资源技术相关的国家技术标准 27 项。从国家层面,多措并举实现水资源利用效率提升,具体的措施包括在东北地区实施节水灌溉提高产量,西北地区节水灌溉提高灌溉效率,华北地区实施节水灌溉减少水资源开采,南方通过节约用水减少二氧化碳排放等,国家实施节水措施灌溉面积达到 1.2 亿亩,水资源利用效率方面,灌溉水资源的利用系数达到0.532,多种措施为中国的粮食产量"十二连增"奠定了坚实的基础(操信春等,2017)。甘肃省地处中国的西北部,连接黄土高原、青藏高原和内蒙古高原,其境内土地呈东西蜿蜒走向。甘肃省全年降水差异性较大,从东南到西北逐步递减,降水量从 36.6mm ~ 734.9mm 依次排开,属于典型的温带季风气候(韩兰英等,2016)。全年降水量较少导致了该地区干旱半干旱气候,这些自然条件严重影响了该地区农业的发展。

2015 年甘肃省粮食总产量达到 1171 万吨,其中小麦产量 275 万吨,玉米产量 565 万吨,马铃薯产量 239 万吨,对全国农业的贡献总计达到1.88%。甘肃省黑河流域是主要的制种玉米生产基地,甘肃全省的制种玉米种植面积达 9.99 万平方千米,产生的玉米种子 59 万吨。农业水资源消耗是黑河流域粮食主产区主要的水资源消耗。如何提高农业水资源利用效率是关系到该地区可持续发展以及保障干旱半干旱地区农业安全的重要议题。

水资源已成为制约人类发展的重要约束资源(鲍超等,2017),有部分城市为节约用水甚至出现了定时供水的现象(李明亮等,2017)。据相关专家预测,中国 2030 年需水量将会达到 7119 亿立方米,但是可供水量仅能达到 6990 亿立方米,供需缺口高达 129 亿立方米,缺口的扩大将导致农业和工业的发展"捉襟见肘"。

此外,由于无序开发与利用,大量的地下水遭到开发,许多农村和工厂的污染物任意倾倒,大量带有污染物的废水进入河流,加剧了水资源污染(沈琳,2009)。2015 年中国统计年鉴显示,中国的污水处理率达到91.97%,但是水资源供给与需求仍面临着巨大矛盾。

2015 年是中国的"十二五"圆满收官之年(图 3－1),全年国内生产总值达到 67.67 万亿元,其中第一产业增加值 60863 亿元,第二产业增加值 274278 亿元,第三产业增加值 341567 亿元,全国人均国内生产总值49351 元,年末全国总人口 13.75 亿,年末全国就业人员 7.74 亿。经济快速增长、新型城镇化、生态文明建设等拉动了水资源需求,对水资源提出了拷问,特别是在大量挤占农业水资源背景下,如何实现经济、社会和生态可持续发展是中国的一大难题。

表 3 – 1 甘肃省地级行政区 2015 年、2020 年、2030 年水资源管理控制指标

Table 3 – 1 The restriction indicators of water management in Gansu Province in 2015, 2020 and 2030

指标行政区	用水总量控制目标（亿 m³）			用水效率控制目标								重要江河湖泊水功能区水质达标率控制目标（%）		
				万元工业增加值用水量（m³/万元）			农田灌溉水有效利用系数							
	2015 年	2020 年	2030 年	2015 年	2020 年	2030 年	2015 年	2020 年	2030 年			2015 年	2020 年	2030 年
酒泉市	28.42	21.08	22.05	98	66	40	0.56	0.6	0.65			80	90	95
嘉峪关市	1.81	1.91	2.21	42	28	17	0.55	0.6	0.65			100	100	100
张掖市	23	20.11	20.71	58	39	23	0.57	0.6	0.65			80	85	95
金昌市	7.02	6.57	6.76	46	31	19	0.53	0.58	0.63			50	75	100
武威市	16.26	15.15	16.18	120	81	49	0.53	0.58	0.63			70	85	95
兰州市	13.55	14.71	16.2	77	52	31	0.52	0.56	0.6			80	90	95
白银市	10.9	10.79	12.43	41	27	16	0.54	0.59	0.64			50	75	90
临夏州	4.36	3.71	4.17	70	47	28	0.49	0.55	0.58			70	82	95
定西市	4.58	4.47	5.26	102	69	41	0.42	0.52	0.57			60	80	90
天水市	4.27	4.48	5.29	29	20	12	0.48	0.55	0.58			50	75	90
平凉市	4.15	4.09	4.96	75	50	30	0.49	0.55	0.58			50	75	90
庆阳市	3.09	3.44	5.05	71	48	29	0.5	0.55	0.58			50	75	90
甘南州	0.87	0.92	1.08	26	18	11	0.5	0.55	0.58			80	90	98
陇南市	2.52	2.72	3.28	52	35	21	0.52	0.56	0.6			85	90	95
全省	124.8	114.15	125.63	69	46	28	0.54	0.57	0.6			65	82	95

数据来源：经本文作者整理获得。

　　甘肃省未来水资源发展压力与潜力并存。甘肃省对 2015 年、2020 年和 2030 年控水发展目标作出了规定(表 3 - 1),可以看出,用水控制目标中,全省的用水总量指标在 2020 年控制下降为 114.15 亿立方米,降幅为 8.5%。对于张掖市和酒泉市这种以农业为主区县来说,水资源的控制在 2020 年和 2030 年出现了明显下降,对于酒泉市来说,2015 年控制用水总量为 28.42 亿立方米,到 2030 年要降为 22.05 亿立方米,下降幅度高达 22.41%,兰州市在 2030 年水资源控制目标反而实现明显增长。但是,从水资源的万元工业增加值用水量来说,同样要求实现效率的明显提升,特别是对研究区张掖市和酒泉市来说,万元工业增加值用水量需要分别从 58 立方米/万元下降为 23 立方米/万元和 98 立方米/万元下降为 40 立方米/万元,严格的水资源制度需要水资源管理制度与相关设施予以配套实施。

　　黑河 2012 年水利统计年报指出,黑河流域 2012 年各类工程总供水量 25.48 亿立方米(表 3 - 2),地表水与地下水分别供水为 19.63 亿立方米与 5.78 亿立方米(含泉水)。

表 3 - 2　2012 年黑河流域各类工程供水量表

Table 3 - 2　Water supply of projects in Heihe river Basin in 2012

(单位:万立方米)

分区	地表水供水量				地下水供水量	泉水	合计
	蓄水工程	引水工程	提水工程	小计			
肃南	330	1395	1725			228153	
山丹	6728	3138	9866	5390		15256	
民乐	27626	4249		31875	4072		35947
甘州	4081	58471	281	62833	21401		84234
临泽	10940	26535	487	37962	4358	637	42957
高台	7124	29572		36696	13064		49760

数据来源:经由作者整理获得。

　　2012 年,黑河流域各部门总用水量(表 3 - 3)为 25.48 亿立方米,其中农业灌溉用水 21.54 亿立方米,生态环境用水量 2.36 亿立方米,工业用水量 0.81 亿立方米,城乡生活用水量 0.92 亿立方米。

表 3-3 黑河流域各部门用水量

Table 3-3 Water cosumption of different usages in Heihe River Basin

（单位:万立方米）

分区	生活	工业	农田灌溉	人工生态	总用水量	天然生态
肃南	334	571	640	180	1725	
山丹	841	1950	12465		15256	
民乐	943	600	34139	265	35947	
小计	4135	3549	160482	8785	176951	40000
甘州	2653	2152	76758	2671	84234	
临泽	713	614	38209	3421	42957	
高台	769	783	45515	2693	49760	

数据来源:经由作者整理获得。

从流域用水量的分布来看,用水量主要集中在黑河农业区,各部门总用水量为 22.82 亿立方米,占流域总用水量 89.5%,其中农田灌溉用水量为 20.71 亿立方米,生态用水为 0.90 亿立方米,工业用水量为 0.61 亿立方米,生活用水量为 0.59 亿立方米。下游用水量 2.29 亿立方米,占流域总用水量的 9.0%。上游区总用水量 0.38 亿立方米,占流域总用水量的 1.5%。

3.2 自然状况

黑河流域地形复杂,气候多变。黑河流域位于欧亚大陆的中心位置,由于周围高山围绕,并且常年受到高纬度西风带环流控制和极地冷气团的影响,造成了全年空气中水汽含量较少的气候条件,但是该区域日照充足,昼夜温差较大,全年平均气温为 6.6℃,蒸发量也较大,从上游到下游气候变化较为明显。黑河流域多年平均降水量为198mm,降水月份主要集中在每年的7~9月,这一时间段降水占全年降水量的60%左右。由于独特的地理位置与地形地貌,导致黑河下游的生态环境极其脆弱。

3.2.1　地形地貌

黑河流域的地形地貌具有显著的特点,地形极为复杂。复杂的地形表征着不同的区域地形差异较为明显(图3-1)。尤其区别于其他地方的是该区域山地和平原层叠排布,具体来看,该区域地势由南向北逐渐呈降低态势,囊括三个不同的地理结构。首先是祁连山构造,在祁连山的南部分布着青藏高原的隆升区域,该区域高分布的地形也是水资源的主要发源地;走廊中部为河西平原结构,在该区域主要以绿洲农业发展为主,同样也是人类活动的主要聚居区;黑河北部是阿拉善地区,由于长期的水流腐蚀与地形变动,北部的地形主要为内陆盆地,也就产生了该地区上游是主要的产水区、中游耗水区、下游生态保育区的独具特色的地形与地貌。

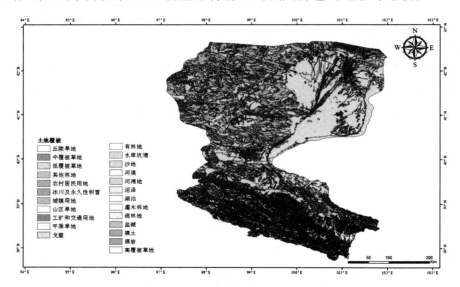

图3-1　研究区2010年土地利用类型分布图

Figure 3-1　Land cover/land change in study area in 2010

3.2.2 气温状况

黑河流域气候干燥,常年少雨。黑河流域为中国第二大内陆河流域,其地处亚欧大陆腹地,与附近的海洋等距离较远(图3-2)。黑河流域上游的莺落峡地区主要为山地,该地区的气温呈垂直变化且变化较为显著,从降水来看较为充足,且蒸发量较少。黑河的中下游区域主要位于内陆区域,夏季由于受到周边高山的阻隔,水汽难以到达,冬季则受到高气压的影响,完全吻合典型的大陆性气候。总体来看,黑河流域冬季寒冷,夏季日照强烈,春季风力较大。太阳直射时间较长,降雨较少并且降雨的时间段非常集中。祁连山附近为高寒半干旱气候带,在这一区域平均气温在4℃

图3-2 研究区多年平均气温

Figure 3-2 The average temperature in study area

左右,无霜期天数大约为 140 天,日照长度年均为 2600 小时。黑河中部主要的气候特征为干旱半干旱区域,平均气温为 5～10℃,无霜期天数大约为 160 天,日照长度年均为 2800 小时。黑河下游以戈壁荒漠为主,其气候为典型干旱半干旱气候,平均气温为 6～10℃,无霜期天数大约为 140～160 天,日照长度年均为 2800～3000 小时。

3.2.3　降水状况

黑河流域降水分布与地形分布连在一起。黑河区域的降水量基本与该区域的地形分布相一致(图 3 - 3)。2011 年多站点统计结果显示,黑河流域深山区降水量一般为 400～500mm,浅山区的降水量一般在 250～450mm 之间,能够达到深山区降水量的 70% 左右。绿洲灌溉区年均降水量在 100～200mm 之间,荒漠区的降水量仅有 70mm 左右,仅仅为深山区降水的 15% 左右。流域内降水从高海拔向低海拔递减,沿祁连山山坡降水从西南向东北递减。黑河流域各分区降水量年内变化状况基本一

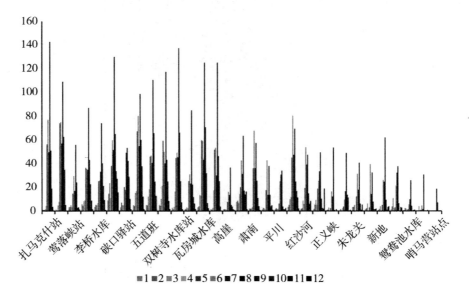

图 3 - 3　2011 年研究区降水状况

Figure 3 - 3　The rainfall in study area in 2011

致,多年平均降水中连续最大的四个月占全年降水的70%以上,主要发生在6~9月份。年内降水最大的月份是7月份,占全年降水的21% ~ 24%,多年降水最少的月份主要发生在11月至次年的2月。一般来说,4~5月份为黑河流域灌溉用水的高峰时期,此时,降水量较少,导致该区域形成的干旱状况呈现出较为明显的特征。

3.2.4 水系与水资源状况

黑河水系总体复杂多变(图3-4),囊括大小水系60余条,包括大约10条左右的主河系。因为多年来发展过程中人类活动影响,特别是中游人类灌溉用水需求量的增大,部分河流出现了断流现象。黑河流域的水资源来源可以分为两个部分,第一个是南部祁连山山脉的降水,第二个部分就是雪山融化,但是水资源的补充主要以降水为主,通过冰川消融的补充作用,径流年均变化不大。该区域的莺落峡以上祁连山河段属于水流形成区,是绿洲水源的主要补给区域。中游的河西走廊主要以平原为主,是流域的农业区与主要的生活区,下游荒漠区为水资源的消耗区域。

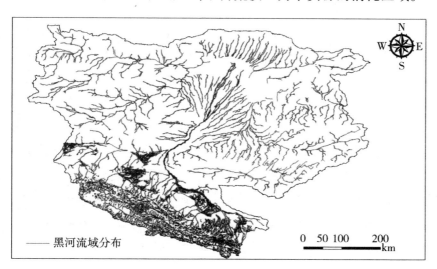

图3-4 研究区水系分布状况

Figure 3-4 The water distribution in study area

3.3 社会经济情况

黑河流域境内社会经济情况复杂,民族多样。黑河流域是甘肃省境内最大的内陆河流域,起源于祁连山脉走廊南山(图3-5)。黑河全长948公里,流域面积4.44万平方公里。位于甘肃省境内的黑河长345公里,主要支流有山丹河、民乐洪水河、童子坝河、大都麻河、酥油河、梨园河、摆浪河、马营河、丰乐河、洪水坝河、陶赖河等。主要的补给方式以降水为主,冰川、积雪融化也起到一定的辅助作用。黑河是周边城市甘州区、临泽县、高台县、金塔县和肃南县的城市工业、生活、生产用水的重要源泉。

3.3.1 国民生产总值分布状况

黑河流域的国民生产总值差异较大,与当地的产业分布状况密切相联。研究区内包括甘州区、高台县、山丹县、民乐县、临泽县、肃南裕固族自治县、金塔县、肃州区。不同县域的地区生产总值存在较大差异(图3-6)。2012年,甘州区和肃州区的地区生产总值最大,甘州区为123.82亿元,肃州区为184.52亿元,相当于肃南县当年国民生产总值6倍与9倍。研究区内的发展状况存在较大差异,区县之间的异质性主要与当地的资源禀赋相一致。面对生态建设、现代农业和经济发展的重大压力,研究区进一步加快推进产业结构调整,为实现产业结构转型提供动力。从人均地区生产总值来看,肃南县最高,为6.89万元,民乐县最低,为1.49万元。肃州区由于第二产业发展较大,其国内生产总值明显高于其他县域。

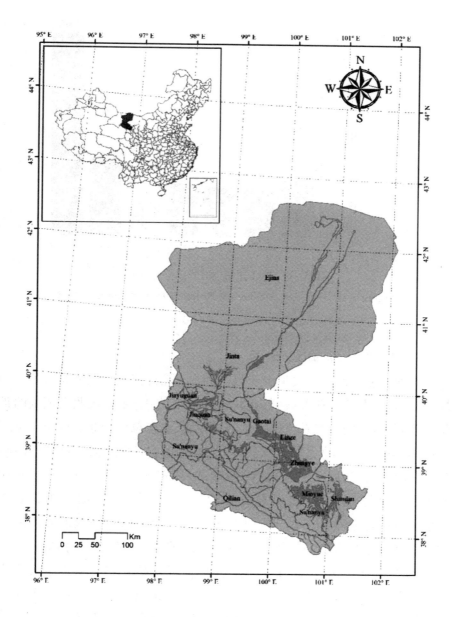

图 3 – 5 研究区河流分布概况

Figure 3 – 5 The distribution of rivers in study area

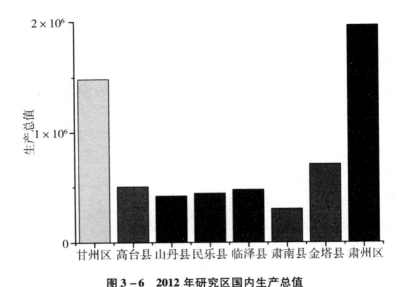

图 3 - 6　2012 年研究区国内生产总值

Figure 3 - 6　The Gross Domestic Products in study area in 2012

3.3.2　产业分布状况

黑河流域的产业主要集中于第一产业。黑河流域的经济经历了较为快速的增长,尤其是在发展到 20 世纪 60 年代左右,由于农业大范围的扩张,带动了地区的生产总值迅速攀升,第一产业在总体产业发展中比重逐步增加,第二、三产业也加快发展,产业状况趋于完善。从产业的发展与分布状况来看,2012 年,研究区内差异较大(图 3 - 7),其中高台县农业所占比重较大,占到地区生产总值的 37.52%,肃南县的第二产业比重占到地区生产总值的 68.84%,山丹县的第三产业产值占到地区生产总值的 41.70%。平均来看,农业生产总值占研究区的生产总值比重为25.96%。农业在该区域的地位比较重要。可以看出,各区县的三大产业发展存在较为显著的差异。从总体来看,黑河区域主要是以第二产业为主导的经济生产体系。具体到县域尺度来看,高台县和临泽县的第一产业所占比重较大,肃南县内钨、铁矿资源较为丰富,该县的第二产业发展比重较大。从第三产业来看,甘州区、山丹县、金塔县和肃州区所占比重相对较大,与这些县域尺度的独特的丹霞地貌密不可分。此外,第三产业所占比重近年来逐步增长。2016 年,张掖市共接待游客 1765.86 万人次,以丰富的自然景观和独特的历史文化为载体,大力发展当地第三产业。

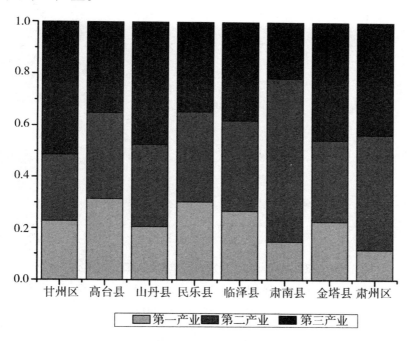

图 3 - 7 2012 年研究区内产业占比差异状况

Figure 3 - 7 The proportion of GDP in industries in study area in 2012

3.3.3 人口分布状况

黑河流域的人口分布农业人口大于非农业人口。从人口分布状况来看,研究区内的人口差异也较大(图 3 - 9),总体趋势来看,该区域的农业人口明显高于非农业人口,这也从侧面说明了区域农业发展的重要性。2012 年,甘州区的农业人口为 32.93 万人,非农业人口为 18.57 万人;肃南县农业人口为 2.55 万人,非农业人口 1.2 万人。此外,黑河流域自古以来就是多民族融合聚居地,同样也造就了人民对于农业耕种活动的依赖。

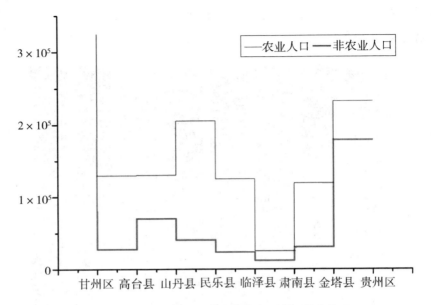

图 3－8 2012 年研究区农业与非农业人口分布状况

Figure 3－8 The distribution of rural and non－rural people in study area in 2012

3.3.4 农业分布状况

黑河流域农业分布比较集中。黑河流域的农业区主要分布于中游(表 3－4),该区域的主要农作物包括粮食作物、经济作物和青饲料。粮食作物又分为夏收作物和秋收作物,而从作物种植面积可以看出,该区域种植的主要作物为玉米、小麦、大麦、薯类等。

表 3 – 4 2012 年黑河流域种植作物及面积

Table 3 – 4 The planting area of different crops in Heihe River Basin in 2012

（单位：万亩）

指标		甘州区	肃南县	民乐县	临泽县	高台县	山丹县
粮食作物		63.33	6.66	67.44	28.02	29.09	40.19
	夏收作物	10.82	4.04	40.31	3.42	8.84	26.64
	小麦	8.32	2.26	29.07	1.18	6.08	20.11
	大麦	2.44	1.33	8.55	2.23	2.61	5.57
	夏杂	0.06	0.45	2.69	0.01	0.15	0.96
	秋收作物	57.51	2.62	27.13	24.6	20.25	13.55
	水稻	0.21	–	–	0.02	–	–
	玉米	52.21	2.41	5.12	24.55	18.32	0.94
	谷子	0.31	–	–	–	0.09	0.1
	大豆	0.05	–	–	0	0.13	–
	薯类	4.08	0.21	22.01		1.52	12.51
	其他	0.65	–	–	0.03	0.19	–
经济作物		16.85	1.39	24.25	6.35	17.32	12.52
	棉花	–	–	–	0.27	4.17	–
	油料	0.97	0.14	11.97	0.04	0.55	8.34
	大麻	–	–		–	–	–
	甜菜	0.43	–	–	0.2	0.14	0.03
	药材	0.02	0.24	8.29	0.06	0.12	0.73
	蔬菜	11.83	0.46	1.52	5.08	8.07	1.13
	瓜类	0.57	0.08	0.02	0.05	0.09	0.63
	蔬菜及其他制种	1.82	–	2.45	0.24	2.5	0.81
	其他	1.21	0.47	0	0.41	1.68	0.85
青饲料		2.11	2.29	1.05	0.26	0.34	6.7
	玉米制种	47.79	0.45	4.41	23.88	11.65	0.79

数据来源：张掖市 2012 年统计年鉴。

3.3.5　农业水资源消耗

农业水资源在黑河流域的消耗主要集中于农业(图3-9)。可以看出,除肃南县外,该区域的水资源从事农业生产消耗占比均在90%左右,例如甘州区的农业水资源消耗占到总体水资源的93.95%,山丹县农业水资源消耗占总体水资源的89.7%。肃南县的水资源消耗中,农业占比为48.4%,工业占比21.12%,生活用水消耗13.25%,人工生态消耗用水占比21.13%,这与肃南县大力发展旅游业是密不可分的。

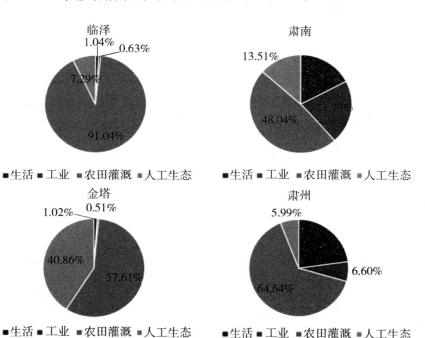

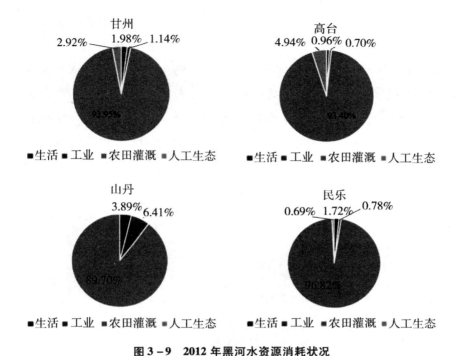

图 3-9 2012 年黑河水资源消耗状况

Figure 3-9 The Water Consumption of different usage
in Heihe River Basin in 2012

3.4 黑河流域分水政策演变

黑河流域分水政策由来已久且成效显著。从 1960 年起,关于对黑河流域进行分水管理的呼吁与需求越来越大,分水方案直到 2000 年左右才被提到至关重要的位置。这与黑河流域在全国所处的位置密不可分。中华人民共和国成立之初,黑河流域灌溉农业,尤其是张掖市,是全国重要的制种玉米生产基地,对国家的农业发展起到了重要的支撑作用。黑河研究区的分水政策实施之后,通过多方协同共同完善,在不断探索与实践的基础上,依据种植结构、灌溉实践等关键因素,目前集中调水实践已经从初期的 33 天扩展到 107 天。自 2004 年以来,黑河流域每年在 7 ~ 10 月均实施 3 次集中调水,在灌溉用水量较大的 4 ~ 5 月,集中调水时间在 30 天左右。黑河流域水资源集中调度是解决生态环境问题。在调度时间上(图 3 – 10),区域集中输水、分片轮灌方式,加大春季调水比例,在调水空间上,将水资源向生态脆弱区补水。2008 年春季,调度输水进入居延海,扭转了居延海区域长期水量不足的局面,使得该区域生态环境建设取得明显效果

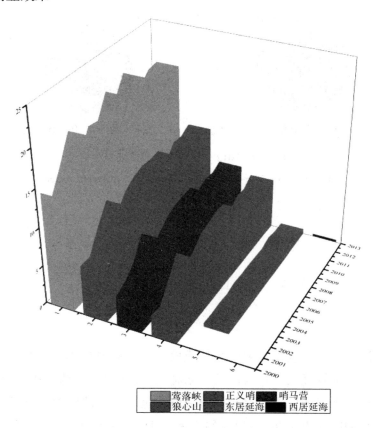

图 3 – 10　2000 – 2013 年各水库下泄水量

Figure 3 – 10　The amount of being discharged from 2000 – 2013

总体来看,分水政策实施之后,下游额济纳旗绿洲生态环境恶化的趋势遭到遏制。与分水之前相比,东河区域和西河区域地下水位分别上升0.48米和0.36米。此外,中游的生态环境整体也实现了改善。与治理之前相比,盐碱化土地面积减少,人工林面积增加。中游基本形成了以农田林网和防风固沙为主体,带状网店相结合、渠路林田相配套的综合防护林体系。上游的生态修复效果也较为显著。过度放牧得到缓解,水源涵养功能明显增加。

3.5　农业水资源利用面临的主要问题

水资源服务方式多样,多产业转移形式差异较大。在社会经济系统中,水资源以实体水的形式存在直接参与社会生产过程,包括服务和商品等。此外,在进一步加工过程中,则以虚拟水的形式参与到生产链条中,进而在不同系统、产业与区域之间转化。

黑河流域开发由来已久,中华人民共和国成立以来,特别是20世纪60年代中期以来,黑河流域进行了较大规模的水利工程。黑河流域水资源实行综合治理的时间可以追溯到2001年的《黑河流域近期治理规划》。实施黑河流域综合治理规划的主旨为坚持以生态系统建设和保护为根本,以实现水资源的科学管理、合理配置、高效利用,上、中、下游统筹考虑,实现工程措施与非工程措施紧密结合,生态建设与经济发展相协调。黑河流域的水资源形成了自上游流出、中游生活用水、下游生态用水的格局。从问题识别的角度来看,现在面临的主要问题是如何实现多种水资源功能的权衡。

黑河流域一直困扰当地的发展问题为中下游地区极度干旱,区域水资源难以满足当地的经济发展需求与生态用水之间的平衡,并且随着人口的增加以及开发过程对地表和地下水的过度开发,生态环境问题更加凸显。黑河流域上游是整个区域水资源的形成区域,而且上游主要位于祁连山山区。当前,中上游主要面临的问题是林草面积退化、冰川面积缩小,而这些问题是与水资源短缺分不开的。由于长时间的过度砍伐与开垦行为,造成了上游的生态环境严重恶化。黑河流域上游的森林在20世纪80年代遭遇了较强的人为破坏。生态环境,包括草地、湿地以及森林等均面临着功能退化的威胁,此外,由于水土流失、土壤沙漠化等问题的凸显,冰川退化的问题所带来的最直接的变化就是水资源的供给减少,并且随着气候变化的加剧,未来上游的冰川可能会进一步融化。黑河流域中游主要是以农业灌溉为主的绿洲农业区域,近年来的人口扩张与城市产业发展加剧了水资源的消耗,特别是农业用地的扩展导致的一系列的水资源承载问题出现。

相关资料显示,黑河流域总人口在20世纪50年代初期约为55万,农田灌溉面积103万亩,但是,截至2015年年底,黑河流域的人口总数和农田灌溉面积已经相当于20世纪50年代初期的2.2倍和3.2倍,远远高于全国平均水平。20世纪60年代,由于大规模发展粮食种植,特别是商品粮基地的发展,灌溉面积快速发展。在20世纪90年代左右,甘肃省提出的"兴西济中"发展战略,将灌溉面积迅速扩大,目前中游大量的农业用水挤占了生态用水。虽然黑河流域已经实现了统一调度和管理,但是受到传统的农业发展方式影响,黑河流域农业用水方式多为粗放的用水,存在较为严重的浪费,农业水资源管理方式急需改变。目前,限制黑河社会经济与生态发展的关键问题主要表现在以下3个方面。

3.5.1　地下水超采严重,水位呈下降态势

地表水与地下水之间的权衡需要新的突破口。自20世纪70年代以来,由于地表水资源难以满足灌溉用水以及居民生活的需求,流域开始大量开采地下水,多年来,地下水超采严重。地下水位的高低是与地表植被盖度之间呈正向相关的,地表水太低会对中游植被的正常生长造成影响。此外,地下水资源的超采还会引发一系列的问题,黑河流域的地表水与地

下水转换十分频繁,通过流域南部祁连山降水形成地表径流,降水中除部分形成冰川、蒸发外,剩余部分转化为地下水。国务院于2015年发布的《水污染防治行动计划》对地下水资源的保护给出了严格控制的要求。水资源的可持续发展急需寻找新的发展路径。

3.5.2　用水结构不合理,用水效率有待提升

产业结构占比有待优化。黑河流域目前第二产业产值占比较大,但是从耗水来说,第一产业对水资源的消耗总量最大。该区域主要的第一产业农业的种植作物为玉米,第三产业主要产业为服务业,其他产业的发展受到一定限制,发展较为滞后。此外,当地用水效率也确实有待提升。

3.5.3　超载滥牧,毁草开荒问题严重

合理的管控措施需按部就班介入。由于缺乏合理的规划,黑河分水方案之前,黑河下游由于缺乏水资源,当地的耕地较少,但是在近些年,由于黑河下游已经基本实现"碧波荡漾",下游许多草地被开发为耕地,导致水资源进入了永远不够用的恶性循环。此外,对于当地的草地开发与保护,虽然农牧民得到了补贴,但是真正落实禁牧补贴政策的农户数量有限,草地呈逐年退化趋势。

3.6　本章小结

本章主要从中国水资源现状以及研究区的地理位置、自然条件和社会经济条件进行辨识,研究结果从黑河的人口状况、地形地貌等社会经济、自然条件出发,对黑河水资源的需求与供给状况进行了辨识,最终将黑河地区的水资源问题进行了辨识,以便更好地开展研究识别问题。

4 黑河流域水资源对农业生产影响分析

4.1 水资源对农业生产影响框架

人类生产活动与资源之间的关系一直是研究的热点,尤其是 Nordhaus 基于索罗模型嵌入了自然因素的制约之后,分别建立了包含自然因素制约和不包含自然因素的新古典增长模型,从而出现了经济增长的自然资源作用力或者称为"阻尼效应",而这一模型也成为了经济增长过程中度量自然资源对经济增长效应的经典模型(王金霞等,2008)。水土资源是农业经济发展的命脉(王金霞,2008),随着中国城镇化步伐的加速,土地利用尤为是农业土地的合理利用成为了学术界乃至国家重点考虑的发展限制因素(Wu,et al.,2013)。水资源作为农业生产中不可或缺的因素(Zhang,et al.,2012),对社会经济发展所起到的阻碍效应越来越大。伴随着人口迅速增加和工业生产水土资源需求的迅速增加,出现工业和生态用水大量挤占农业用水,特别是中国生态文明理念提出以后,生态文明建设的水资源需求迅速增加(Wang,et al.,2015)。如何合理配置水资源,实现水资源在农业、工业、生活和生态等方面的权衡,是摆在决策者面前的难题(Deng,et al.,2011)。资源与农业经济增长之间呈现一种复杂的循环过程,一方面,农业产业的发展依赖于资源提供支撑与支持(Xu,et al.,2013),另一方面,资源在一定程度上影响着农业经济的发展潜力(Chen,et al.,2015)。水土资源作为自然要素在不同部门中也扮演着不同的角色(Qiu,et al.,2015),由此产生一个问题,在黑河流域水土资源如此稀缺的前提下,是否会给当地的农业发展带来一定程度的约束?这种约束所导致的后果是否会使得农业经济无法稳态增长?

水资源对于农业生产的影响与土地是分不开的,水资源通过与土地资源作为混合投入要素,影响作物在生长整个过程中的机理与生产能力。因此,本书将水资源对于农业生产的影响与土地资源作用力一起进行分析。水土资源之间的替代弹性对农业生产具有显著的影响,特别是水资源与土地资源之间的合理比例与范围对农业发展尤其重要。水土资源之间替代弹性的辨识对于农业生产合适比例配比具有重要作用。

农业的发展与自然资源之间关系是密不可分的。农业自然资源是指自然资源中可以被用于农业生产的物质和能量,以及为保证农业生产活动正常进行必要的自然环境条件的总称,自然资源对于农业生产起着特殊的作用。自然资源的状况及其利用状况,制约着农业生产的结构和规模,影响农业中社会经济资源的利用效果,特别是资源中的水土资源状况关系到农业的可持续发展问题。

农业土地资源是指在农业生产中已经利用和尚未利用的土地数量和质量的总称。囊括耕地、林地、草地以及其他草地资源等。土地资源可以相互转换,即从耕地转变为林地或者草地等,但是土地资源的总体面积很难短期内发生改变。

农业水资源是指可利用或者有可能被利用的水资源,水资源可以自然补充并进行重复利用,但是人类对于水资源的循环无法实现人工控制,水资源的自然供给没有弹性,需求也呈现较强的刚性。

农业水资源与土地资源之间的替代弹性,是指灌溉用水和土地投入之间的比值与边际产品比值的弹性。

本书中所使用的土地是指在从事农业种植业生产过程中使用的必要

生产资料;灌溉用水是指在农业生产过程中,为缓解或者改善种植状况而进行的农业水资源灌溉活动中使用的水资源;劳动力是指从事农业种植业生产的农业生产单元;资本是指在农业种植业生产中使用的资本投入,包括必要的种子、农药费用等。

4.1.1 生产函数形式选择

生产函数的形式多种多样,不同生产函数厘定微观个体或者宏观经济的生产状况。从微观个体层面来说,部分学者使用生产函数为企业估算成本投入与生产要素之间的关系,从而辨识成本最小化和利益最大化的生产配置;从宏观角度来看,部分学者则从加总的生产函数来解释收入分配的决定性因素,从而对技术进步在经济增长中的重要作用进行厘定。总体而言,无论从微观层面还是宏观层面来说,生产函数都扮演着非常重要的角色。不同生产函数表达形式大量涌现,常用的生产函数主要有以下几种(表4-1)。

表4-1 生产函数形式

Table 4-1 The production function types

序号	函数	函数形式	提出或者最早使用的例子
1	leontief	$y = min[\beta_1 x_1, \beta_2 x_2, \cdots, \beta_n x_n], \beta > 0$	Lenotief
2	Linear	$y = \alpha + \sum \beta_i x_i$	—
3	Quadratic	$y = \alpha + \sum \beta_i x_i + \sum_i \sum_j \delta_{ij} x_i x_j$	Allen
4	Cubic	$y = \alpha + \sum \beta_i x_i + \sum_i \sum_j \delta_{ij} x_i x_j + \sum_i \sum_j \sum_k \gamma_{ijk} x_i x_j x_k$	—

续表

序号	函数	函数形式	提出或者最早使用的例子
5	Generalized Lenotief	$y = \sum_i \sum_j \delta_{ij} x_i^{\frac{1}{2}} x_j^{\frac{1}{2}}$	Diewert
6	Square Root	$y = \alpha + \sum_i \beta_i x_i^{\frac{1}{2}} + \sum_i \sum_j \delta_{ij} x_i^{\frac{1}{2}} x_j^{\frac{1}{2}}$	Diewert
7	Logairthmin	$y = \alpha + \sum \beta_i \ln x_i$	—
8	Mischerlich	$y = \alpha \prod_i (1 - \exp(\beta_i x_i))$	Heady 等
9	Spillman	$y = \alpha \prod_i (1 - \beta_i^{x_i})$	Heady 等
10	Cobb-Dogulas Generalized	$y = \alpha \prod_i x_i^{\beta_i}$	Cobb 等
11	Cobb-Dogulas	$\ln y = \alpha + \sum_i \sum_j \beta_{ij} \ln((x_i + x_j)/2)$	Diewert
12	Transcendental	$y = \alpha \prod_i x_i^{\beta_i} (\exp(\delta_i x_i))$	Halter 等
13	Resistance	$y^{-1} = \alpha + \sum \beta_i (\delta_i + x_i)^{-1}$	Heady 等
14	Modified Resistance	$y^{-1} = \alpha + \sum \beta_i x_i^{-1} + \sum_i \sum_{j \neq i} \delta_{ij} x_i^{-1} x_j^{-1}$	Heady 等
15	CES	$y = \left[\alpha + \sum_i \beta_i x_i^{-\rho} \right]^{\frac{-\mu}{\rho}}$	Uzawa
16	Translog	$\ln y = \alpha + \sum \beta_i \ln x_i + \sum_i \sum_j \delta_{ij} (\ln x_i)(\ln x_j)$	Christensen 等
17	Generalized Quadratic	$y = \left[\sum_i \sum_j \delta_{ij} x_i^{\delta\gamma} x_j^{\delta(1-\gamma)} \right]^{\frac{\gamma}{\delta}}$	Denny
18	Generalized Power	$y = \alpha \prod_i x_i^{f_i(x)} \exp(g(x))$	de Janvry

序号	函数	函数形式	提出或者最早使用的例子
19	Generalized Box-Cox	$y(\theta) = \alpha + \sum_i \beta_i x_i(\lambda) + \sum_i \sum_j \delta_{ij} x_i(\lambda)$ $x_i(\lambda)$,其中:$y(\theta) = (y^{2\theta} - 1)/2\theta$ $x_i(\lambda) = (x_i^\lambda - 1)/\lambda$	Berndt 等
20	Augmented Fourier	$y = \sum_i \beta_i x_i + \sum_i \sum_j \delta_{ij} x_i x_j + \sum_{[h] \leqslant H\gamma_h}$ $\exp(i \sum_i h_i x_i)$,其中: $\nu x_i \in [0, 2\prod], r_h = r_h^r + i\gamma_h^c, i^2 = -1$	Gallant

数据来源:经由作者整理获得。

上述生产函数是一些经常用到的,在针对不同的生产形式或者问题时候有显著的优势差异。超越对数生产函数由 L. Christensen、D. Jorgenson 和 Lau 在 1973 年提出,其本身具有的特点是具有较强的易估性和包容性。这里所指的易估性是指本身函数的设定主要为简单的线性函数,可以直接采用线性估计的方式进行估算;包容性则是指其涵盖意义与形式多样。该函数在结构上可以是任何形式,可以有效的解决函数设定上要素之间交叉影响问题。

4.1.2 水土资源替代弹性框架

水土资源替代弹性 σ_{WA} 定义为生产方程中灌溉用水和土地投入的比值与编辑产品比值之间的弹性,具体表述为:

$$\sigma_{WA} = \frac{d\ln\left(\frac{W}{A}\right)}{d\ln MRTS_{AW}} = \frac{d\ln\left(\frac{W}{A}\right)}{d\ln\left(\frac{MP_A}{MP_W}\right)} \qquad (4-1)$$

其中,$MRTS_{AW}$是技术编辑替代率,MP_A 和 MP_W 分别是土地和灌溉用水的边际产品。水土替代弹性 σ_{WA} 度量了灌溉作物种植面积和灌溉用水之间的可替代性关系,代表的意义为对于作物种植过程中的灌溉用水和土地之间的相互替代容易程度。两者之间的可替代性越高,则替代弹性值越大。

水土资源替代弹性计算框架选取超越对数生产函数进行搭建。囊括四种生产要素,分别为土地 A、灌溉用水 W、劳动力 L 和资本 K。

$$\ln Y = \alpha_0 + \beta_A \ln A + \beta_L \ln L + \beta_k \ln K + \beta_w \ln W$$

$$\frac{1}{2}\beta_{AA}(\ln A)^2 + \frac{1}{2}\beta_{LL}(\ln L)^2 + \frac{1}{2}\beta_{KK}(\ln K)^2 + \frac{1}{2}\beta_{WW}(\ln W)^2$$

$$\beta_{AW}\ln A\ln W + \beta_{AL}\ln A\ln L + \beta_{Ak}\ln A\ln K + \beta_{WL}\ln W\ln L$$

$$+ \beta_{Wk}\ln W\ln K + \beta_{LK}Ln L\ln K$$

$$(4-2)$$

本书将产出弹性的概念界定为在其他条件设定不变的情况下,其中不变的条件包括要素价格和技术水平,对某一种投入要素的相对变动所引致的产出量相对变动量状况,也就是比值的概念,表征产出量变动的百分比与投入要素变动百分比的比值,计算公式如下:

$$\gamma_i = \frac{dY/Y}{dx_i/x_i} = \frac{d\ln Y}{d\ln x_i} \qquad (4-3)$$

γ_i 表示第 i 种投入要素 X_i 的产出弹性。当该要素投入量变动 1% 而其他要素的投入量保持不变时,产出量将变动 $\gamma_i\%$。在规模效益递减的作物生产模型中,各种投入要素的产出弹性一般应该为正,且所有要素投入的产出弹性值小于 1。本书中各投入要素的产出弹性按照上述计算公式,可以得到:

$$\gamma_A = \beta_A + \beta_{AA}\ln A + \beta_{AW}\ln W + \beta_{AL}\ln L + \beta_{AK}\ln K \qquad (4-4)$$

$$\gamma_W = \beta_W + \beta_{AW}\ln A + \beta_{WW}\ln W + \beta_{WL}\ln L + \beta_{WK}\ln K \qquad (4-5)$$

$$\gamma_L = \beta_L + \beta_{AL}\ln A + \beta_{WL}\ln W + \beta_{LL}\ln L + \beta_{LK}\ln K \qquad (4-6)$$

$$\gamma_K = \beta_K + \beta_{AK}\ln A + \beta_{WK}\ln W + \beta_{LK}\ln L + \beta_{KK}\ln K \qquad (4-7)$$

根据水土替代弹性的定义,可得:

$$\sigma_{\text{WA}} = \frac{d(\frac{W}{A})/(\frac{W}{A})}{d(\frac{MP_A}{MP_W})/(\frac{MP_A}{MP_W})} = \frac{d(\frac{W}{A})}{d(\frac{MP_A}{MP_W})} \frac{\frac{MP_A}{MP_W}}{(\frac{W}{A})} \qquad (4-8)$$

根据边际产品的定义可得：

$$\frac{MP_A}{MP_W} = \frac{\frac{\delta Y}{\delta A}}{\frac{\delta Y}{\delta W}} = \frac{\gamma_A}{\gamma_w} \frac{W}{A} \qquad (4-9)$$

因此，

$$\sigma_{\text{WA}} = \frac{d(\frac{W}{A})}{d(\frac{MP_A}{MP_W})} \frac{r_A}{r_W} = \frac{\frac{r_A}{r_W}}{d(\frac{MP_A}{MP_W})/d(\frac{W}{A})} = \frac{\frac{r_A}{r_W}}{d(\frac{\gamma_A}{\gamma_W} \frac{W}{A})/d(\frac{W}{A})}$$

$$(4-10)$$

其中分母部分：

$$\frac{d(\frac{\gamma_A}{\gamma_W} \frac{W}{A})}{d(\frac{W}{A})} = \frac{\gamma_A}{\gamma_W} + \frac{W}{A} \frac{d(\frac{\gamma_A}{\gamma_W})}{d(\frac{W}{A})} \qquad (4-11)$$

其中，

$$d(\frac{\gamma_A}{\gamma_W}) = -\frac{\gamma_A}{\gamma^2_W} d\gamma_W + \frac{1}{\gamma_W} d\gamma_A \qquad (4-12)$$

$$d(\frac{W}{A}) = -\frac{W}{A^2} dA + \frac{1}{A} dW \qquad (4-13)$$

把(4-12)和(4-13)同时代入(4-11)，然后分子分母同除 dA，可得：

$$\frac{d(\frac{\gamma_A}{\gamma_W})}{d(\frac{W}{A})} = \frac{-d(\frac{\gamma_A}{\gamma_W}) = -\frac{\gamma_A}{\gamma^2_W} d\gamma_W + \frac{1}{\gamma_W} d\gamma_A}{d(\frac{W}{A}) = -\frac{W}{A^2} dA + \frac{1}{A} dW} = \frac{-\frac{\gamma_A}{\gamma^2_W} \frac{d\gamma_W}{dA} + \frac{1}{\gamma_W} \frac{d\gamma_A}{dA}}{-\frac{W}{A^2} + \frac{1}{A} \frac{dW}{dA}}$$

$$(4-14)$$

根据产出弹性的表达式,可得:

$$\frac{d\gamma_W}{dA} = \frac{\beta_{WA}}{A} \qquad (4-15)$$

$$\frac{d\gamma_A}{dA} = \frac{\beta_{AA}}{A} \qquad (4-16)$$

而且

$$\frac{dW}{dA} = \frac{dY/dA}{dY/dW} = \frac{\gamma_A}{\gamma_W}\frac{W}{A} \qquad (4-17)$$

把上述各式代入得到:

$$\sigma_{WA} = \cfrac{\cfrac{\gamma_A}{\gamma_W}}{\cfrac{\gamma_A}{\gamma_W} + \cfrac{W}{A}\cfrac{-\cfrac{\gamma_A}{\gamma^2{}_W}\cfrac{d\gamma_W}{dA} + \cfrac{1}{\gamma_W}\cfrac{d\gamma_A}{dA}}{-\cfrac{W}{A^2} + \cfrac{1}{A}\cfrac{dW}{dA}}} = \cfrac{1}{1 + \cfrac{W}{A}\cfrac{-\cfrac{\gamma_A}{\gamma_W}\cfrac{\beta_{WA}}{A} + \cfrac{1}{\gamma_W}\cfrac{\beta_{AA}}{A}}{-\cfrac{W}{A^2} + \cfrac{1}{A}\cfrac{\gamma_A}{\gamma_W}\cfrac{W}{A}}}$$

$$= \cfrac{1}{1 + \cfrac{W}{A}\cfrac{-\cfrac{1}{\gamma_W}\beta_{WA} + \cfrac{1}{\gamma_A}\beta_{AA}}{-\cfrac{W}{A} + \cfrac{\gamma_A}{\gamma_W}\cfrac{W}{A}}}$$

$$= \cfrac{1}{1 + \cfrac{-\cfrac{1}{\gamma_W}\beta_{WA} + \cfrac{1}{\gamma_A}\beta_{AA}}{-+\cfrac{\gamma_A}{\gamma_W}}}$$

$$(4-18)$$

最终得到基于超越对数生产函数的包含灌溉水产出弹性的替代弹性计算公式:

$$\sigma_{WA} = \cfrac{1}{1 + \cfrac{-\beta_{WA} + \cfrac{\gamma_W}{\gamma_A}\beta_{AA}}{-\gamma_W + \gamma_A}} \qquad (4-19)$$

由于：

$$\sigma_{WA} = \frac{1}{1+\rho} \qquad (4-20)$$

可得：

$$\rho = \frac{-\beta_{WA} + \frac{\gamma_W}{\gamma_A}\beta_{AA}}{-\gamma_W + \gamma_A} \qquad (4-21)$$

代入公式可以得到灌溉用水产出弹性 γ_W 求导可得：

$$\frac{d\rho}{d\gamma_W} = -\beta_{WA}(-\gamma_W + \gamma_A)^{-2} - \frac{\beta_{AA}\gamma_W}{\gamma^2_A}(-\gamma_W + \gamma_A)^{-3} \quad (4-22)$$

由此可以推知，γ_W 增加—ρ 减少—σ_{WA} 增加，即水土替代弹性的提高隐含灌溉用水产出弹性的增大。

对水土资源之间替代弹性的估算，旨在度量农业灌溉作物中作物种植面积和灌溉用水之间的可替代性，用来表征资源之间相互替代的容易程度。如果两种资源之间的可替代性越高，则替代弹性越高。当灌溉水资源与土地资源投入比例的变化大于其边际替代率变化时，水土资源替代弹性大于 1，相反则小于 1。若水土资源之间的替代弹性等于 1，则说明两种资源投入变化的比例与边际替代率变化速度相同。如两者之间的替代弹性小于 1，表明灌溉用水和土地资源之间的可替代性较小，也就是说要素之间的替代可能性较小，相反，如果二者之间的替代弹性大于 1，则表明二者之间的替代比较容易。

4.1.3 水土资源替代弹性估算

对模型设定好之后，考虑到农业中灌溉用水和灌溉面积是由单个农户进行决策的，本文在调研数据的基础上，对黑河农业区作物的水土资源替代弹性进行估算，主要基于 Translog 生产函数的测算，旨在辨识清楚水土资源之间的作物之间替代弹性。

表 4 - 2 Translog 生产函数

Table4 - 2 The Translog Production Fuction

解释变量	Translog 模型		
	系数	t 值	标准误
Log(作物面积)	1.36*	0.54	2.53
Log(水资源投入)	2.06*	0.71	2.91
Log(劳动力投入)	13.24*	1.34	9.90
Log(资本投入)	1.54	0.35	4.35
Log(作物面积)*Log(资本投入)	-0.28**	-0.81	0.34
Log(作物面积)*Log(劳动力投入)	0.16***	0.32	0.49
Log(作物面积)*Log(水资源投入)	-0.08	-0.40	0.20
Log(水资源投入)*Log(劳动力投入)	0.30**	0.61	0.49
Log(水资源投入)*Log(资本投入)	-0.54	-0.81	0.33
Log(劳动力投入)*Log(资本投入)	0.52***	0.68	0.77
Log(作物面积)*Log(作物面积)	0.29*	1.55	0.19
Log(水资源投入)*Log(水资源投入)	-0.19	-1.72	0.11
Log(劳动力投入)*Log(劳动力投入)	-2.83**	-1.45	1.96
Log(资本投入)*Log(资本投入)	-0.27*	-1.22	0.22
常数项	-44.67	-1.47	30.29
R^2	0.857		

注:***,**,*分别代表1%,5%和10%显著性水平。

估算结果中,除包括劳动力、资本、水资源和土地资源投入变量,还包括各种变量的二次项以及之间的交叉项进行匡算。通过基于 Translog 估算的结果,引入本文水土资源替代弹性的估算方程,得到不同农户层面的水土资源替代弹性,可以看出(图 4 - 1)土地对水资源替代弹性在农户层面除个别农户外,基本维持在 1.0 左右。

进一步分析,为辨识水土资源之间的替代弹性与土地面积之间的关系,通过二者之间的交叉扇形图显示(图 4 - 2),种植面积与水土资源替代弹性之间的关系较为密切。

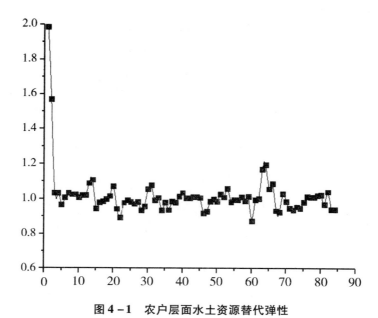

图 4 - 1 农户层面水土资源替代弹性

Figure 4 - 1 Elasity of water and land in farmer level

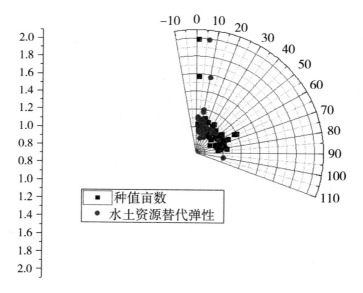

图 4 - 2 土地面积与水土资源替代弹性关系图

Figure 4 - 2 The relation between elasity and planting areas

对水土资源之间的替代弹性与土地面积、农业产值和水资源投入之间的 Person 相关性进行检验(表4-3),得到水土资源替代弹性与农户个体土地面积和水资源投入相关系数分别为 -0.1521 和 -0.141,呈负向相关性,也就是说随着农户家庭种植面积的增大,土地对水资源的替代弹性值变小。随着水资源投入的增大,土地对水资源的替代弹性也会降低。也就是表明,种植规模越小的农户从事耕作过程中改变的难易程度较小。

表4-3 水土资源替代弹性与其他因素之间 Person 相关检验

Table 4-3 Person correlation between elasity and other factors

相关系数	替代弹性	种植面积	农业产值	水资源投入
替代弹性	1			
土地面积	-0.1521	1		
农业产值	0.0654	0.4461	1	
水资源投入	-0.141	0.8913	0.38	1

4.2 水土资源对农业经济增长作用力分析

新经济增长理论指出,由于水资源与土地资源的限制,农业生产过程中出现了与不存在资源限制的情况下相比,增长情况下降或者提升的状况,这部分出现的增长差异,就是源于限制情景与非限制情景之间存在的"增长阻力"。

鉴于水土资源对于农业发展的影响,国内外学者已经开始了深入而广泛的探索(Fisher,1981;Dwivedi, et al.,2010)。Solow,Stigliz 运用新古典增长模型对资源的可耗竭性进行了研究(Solow,1974;Stiglitz,1974)。资源作用力的研究也是由来已久(Joseph, et al.,1982;Davis,2011;Xu, et al.,2016),特别是在水土资源阻尼效应的研究(Tang, et al.,2014),Nordhaus

对美国的相关资源和土地资源在经济增长的作用力分析,通过柯布—道格拉斯生产函数的测算,得到阻尼效应值为 0.24%(Nordhaus, et al.,1992)。其他对中国水土资源经济作用力研究指出,水资源和土地资源对于中国经济增长阻力分别为 0.0139 和 0.0132(Liu, et al.,2010),水资源与土地资源引起的综合增长作用力阻力为 0.145(Yang, et al.,2012)。国内外对于黑河农业区水土资源的研究主要集中于水资源利用效率(Wang, et al.,2015)、水资源生产力(Zhou, et al.,2015)、土地资源承载力(Deng, et al.,2015)以及土地资源潜力(Ge, et al.,2013)等方面。对于黑河农业区水资源的阻尼效应,相关学者研究利用 2000—2010 年的民乐县和临泽县的农业生产数据研究得出,由于水资源的限制,民乐县和临泽县的农业生产总值平均每年的增速要比上年降低 0.9979 个百分点和 0.6228 个百分点。

4.2.1　模型构建

水资源与土地资源之间的匹配系数表征在空间与时间尺度上的适宜匹配关系。在一定区域来说,两种资源的匹配性越好,当地的农业生产条件越好,二者之间的匹配程度处于第一象限和第三象限角平分线上的水资源与土地资源处于较为均衡的状态。

1986 年,Romer 辨识了包括自然资源和土地资源在内的资源对经济增长的多维立体影响。在模型设定之初,就对资源和土地进行了假设,也就是存在资源和土地限制时的影响进行了分析。土地资源的存量是固定不变的,从长期来看,土地资源的总量不会增加,同样,对于资源来说,自然资源的资源禀赋短期内是不发生变化的,但是随着时间的推移,其可供使用数量必然会下降。

本研究主要是辨识农业水资源和土地资源对农业经济增长的影响,首先对模型进行了界定与适应性修正。水资源和土地资源作为农业生产的重要载体,对农业生产起基础和支撑作用,但是水资源又进一步需要依附于土地资源,才能发挥自身价值,因此,本书也对土地资源对农业经济增长的作用进行辨识。基于已有研究,本书对原有的作用力测定模型进行扩展,将"阻尼效应"界定为在黑河研究区现有的水资源利用现状下产出的农业生产状况与"假定单位面积水资源用量不变"的情况下所产生的农业生产之间的差值。

本书借 Romer 发展的生产函数模型,估算了在农业生产模型中嵌入水土资源约束要素并测算水土资源对农业经济增长的作用力模型。阻尼效应经济含义是用来阐述随着人口变动以及资源的限制,出现了劳动力平均资源利用量下降的局面,最终影响了农业经济增长速度的降低。生产函数搭建过程中选用柯布—道格拉斯生产函数形式,并且内嵌水资源与土地资源,具体设定形式如下。

$$Y(t) = K(t)^{\alpha} W(t)^{\beta} T(t)^{\gamma} [A(t)L(t)]^{1-\alpha-\beta-\gamma} \quad (4-23)$$

其中,$Y(t)$、$K(t)$、$W(t)$、$T(t)$、$L(t)$、$A(t)$ 分别表征黑河农业区生产的农业粮食产出、农业投入的资本存量、农业灌溉用水量、农业土地面积以及从事农业生产的人员数量。α、β、γ 表示技术参数,同样是资本、水资源和土地资源所对应的产出弹性,在设定模型过程中,为简化计算,本模型中未将规模的变动考虑在内,也就是设置为规模报酬不变,此外,模型中将技术进步设定为常数,未予考虑。对公式两边取对数,得到表达式如下:

$$\ln Y = \alpha \ln K(t) + \beta \ln W(t) + \gamma \ln T(t)$$
$$+ (1-\alpha-\beta-\gamma)[\ln A(t) + \ln L(t)] \quad (4-24)$$

对该公式两边时间 t 求导,并且假设 $\dfrac{\frac{\Delta Y}{\Delta t}}{Y} = g_Y(t)$,$\dfrac{\frac{\Delta K}{\Delta t}}{K} = g_K(t)$,$\dfrac{\frac{\Delta W}{\Delta t}}{W} =$

$g_w(t)$,$\dfrac{\frac{\Delta T}{\Delta t}}{T} = g_T(t)$,$\dfrac{\frac{\Delta A}{\Delta t}}{A} = g_A(t)$,$\dfrac{\frac{\Delta L}{\Delta t}}{L} = g_L(t)$ 分别界定为单位时间内经济、资本、水资源、土地资源、技术进步率和劳动力增长率。

对模型进行变形,将其转化为增长率的形式,可以得到:

$$g_Y(t) = \alpha \times g_K(t) + \beta \times g_w(t) + \gamma \times g_T(t)$$
$$+ (1-\alpha-\beta) \times [g_A(t) + g_L(t)] \quad (4-25)$$

本书中假设对于资本和劳动的动态描述与经典索罗模型一致,即

$$K(t) = sY(t) - \sigma K(t), L(t) = nL(t) \qquad (4-26)$$

s 表示储蓄率,代表资本折旧,n 表示劳动增长率,同样,本文设定对于水资源与土地资源的衰减速度是一定的,在本文中,水资源的衰减速度假定为 a,土地资源的衰减速度假定为 b。

经过数学变形之后,可以得到受到水土资源约束和不受约束情况下的单位劳动力平均产值的增长率,从而资源对农业经济增长的"尾效"表达式如下:

$$Drag_w = \frac{(n-a) \times \beta}{1-\alpha} \qquad (4-27)$$

$$Drag_T = \frac{(n-b) \times \gamma}{1-\alpha} \qquad (4-28)$$

式(4-26)、(4-27)中,资源在整个农业经济增长中的作用方向主要决定于社会经济生产中的劳动力增长率与资源增长率之间的差额,具体影响程度的大小则与投入过程中的不同要素之间的替代性呈现正向相关关系。一般来看,如果生产过程中的劳动力增长率大于对应资源的增长率,表征着该种资源对经济增长作用力体现为阻尼效应,意味着由于单位劳动力占有的资源数量的下降,导致产生的单位劳动力产出也出现下降态势,也就是说农业经济增长受到了阻碍,产生了阻尼效应。就本书而言,主要用到的生产函数为 $C-D$ 生产函数,生产要素之间的产出弹性之和固定为 1,但是在现实生产中,却很少出现为 1 的状况,特别是要素之间的替代弹性小于 1 的情况时有发生。

4.2.2　模型数据

基于研究假设与数据的可获取性,本书获取了黑河流域中下游农业区农业生产的 6 县 2 区数据,并以 2000 年为基期进行可比价格折算。此外,本书还收集了农业劳动力数量、农业种植面积和农业用水量等数据,以上数据除农业用水量外均来源于相应区域对应年份统计年鉴,农业水资源量来源于中国科学院农业政策中心数据库,数据基本信息见表 4-4。

表 4 – 4 黑河农业区投入产出基本信息

Table 4 – 4 The input-output basic information in Heihe agricultural area

地区	农业生产总值 均值(万元)	农业生产总值 标准误	农业用水量 均值(万立方米)	农业用水量 标准误	农业劳动力 均值(人)	农业劳动力 标准误	固定资产投资 均值(万元)	固定资产投资 标准误	农作物面积 均值(万亩)	农作物面积 标准误
甘州区	643861	325438	45922	6207	324450	7630	283162	193488	53.32	3.35
高台县	181451	95429	20825	4331	134339	2468	82237	56833	24.58	4.09
山丹县	198042	81274	38181	4251	145261	11858	84225	69571	35.35	3.1
民乐县	169723	76394	59464	6583	210166	4269	79446	67843	58.34	2.26
临泽县	183019	95153	17824	3360	125418	691	89841	66615	19.74	2.72
肃南裕固族自治县	90214	69316	4436	1737	25402	559	136437	121882	4.82	1.21
金塔县	227202	157286	40030	2667	113544	2978	136232	167775	26.08	4.62
肃州区	681796	550635	69911	14718	225060	8308	518352	504639	46.86	1.6

数据来源：经由作者整理获得，初始数据来源于张掖市和酒泉市统计年鉴。

77

表 4 - 5　Unit Root 检测结果

Table 4 - 5　Results of unit root test

研究区		Y/ΔY	K/ΔK	L/ΔL	T/ΔT	W/ΔW
甘州区 高台县	ADF statistic	4.49/ - 3.43**	4.56/ - 2.62**	0.55/ - 3.54**	0.9978/ - 3.21*	1.39/ - 5.42***
	p - value	0.9998/0.0361	0.9998/0.0185	0.8194/0.0281	0.9031/0.0886	0.9485/0.0022
山丹县 民乐县	ADF statistic	12.87/ - 2.87*	2.96/ - 5.28***	- 1.06/ - 3.86**	1.40/ - 3.54**	2.11/ - 4.35***
	p - value	0.9999/0.0833	0.9968/0.0021	0.2429/0.0170	0.9485/0.0306	0.9840/0.0093
临泽县	ADF statistic	4.94/ - 5.81***	4.22/ - 4.76***	- 0.77/ - 3.35**	3.59/ - 4.51***	0.47/ - 4.92***
	p - value	0.9999/0.0010	0.9995/0.0064	0.3616/0.0437	0.9991/0.0063	0.7983/0.0042
肃南裕固族 自治县	ADF statistic	5.99/ - 3.72**	3.90/ - 6.60***	0.47/ - 4.19**	2.92/ - 3.46**	0.40/ - 4.80***
	p - value	1.0000/0.0211	0.9993/0.0005	0.4919/0.1000	0.9966/0.0347	0.7802/0.0049
金塔县	ADF statistic	13.90/ - 3.52**	3.28/ - 4.56**	- 0.05/ - 3.7*	1.69/ - 5.48***	2.19/ - 4.64***
	p - value	0.9999/0.0316	0.9984/0.0105	0.6452/0.0218	0.9694/0.0020	0.9862/0.0061
甘州区 高台县	ADF statistic	10.05/ - 4.57***	1.29/ - 3.75*	- 0.41/ - 3.23*	3.17/ - 3.13*	4.17/ - 5.39***
	p - value	1.0000/0.0067	0.9385/0.0224	0.5150/0.0566	0.9980/0.0537	0.9995/0.0023
山丹县 民乐县	ADF statistic	7.54/ - 3.39**	2.06/ - 4.51***	- 0.17/ - 4.58***	0.71/ - 11.74***	- 1.07/ - 4.05**
	p - value	1.0000/0.0412	0.9844/0.0062	0.6028/0.0056	0.8540/0.0000	0.2392/0.0144
临泽县 肃南裕固族 自治县 金塔县	ADF statistic	12.42/ - 22.77***	2.17/ - 4.17**	2.24/ - 3.32**	1.13/ - 3.93**	0.04/ - 4.01**
	p - value	0.9999/0.0001	0.9857/0.0120	0.9888/0.0399	0.9224/0.0171	0.6774/0.0135

注：Δ表示的为一阶差分，*、**、***分别表示的为10%、5%和1%的显著性水平。数据来源：经由作者整理获得。

基于获取的数据,可以清晰地看出,黑河流域农业种植区的农业水资源消耗与该区域的城镇化的进程呈负向相互关系,这样,引致农业水资源可使用量逐渐减少,对农业生产造成阻尼效应。此外,该区域的种植面积从 2000 年开始,出现了大面积的扩张,更加剧了农业水资源与农业用地之间的非比例增长现象,这样又会进一步加大水资源对于农业生产的阻尼作用。

4.2.3 计量分析

4.2.3.1 数据平稳性检验

基于模型设定,可以得出,在估算过程中,α、β 是在农业水资源阻尼效应测度过程中的重要参数。本书首先利用计量经济学软件对数据的进行检验。通过 Hausman 检验可以看出(表 4 − 6),其 χ^2 值为 3.16,表示县域尺度面板数据的固定效应和随机效应参数的估计结果差别不大。结果检测显示,固定效应模型或者随机效应模型或多或少的存在一阶自相关、截面相关或者异方差等问题。

表 4 − 6 固定效应与随机效应的估计结果

Table 4 − 6 The estimation results of Fixed-effect and Random effects

变量		系数	
		固定效应模型(FE)	随机效应模型(RE)
LnT		2.2047***(0.000)	2.2514***(0.000)
LnL		−0.0412(0.479)	−0.0414(0.465)
LnK		0.1958**(0.042)	0.2591***(0.003)
LnW		−0.9999***(0.0002)	−1.0459***(0.001)
常数项		12.7697***(0.000)	12.3383***(0.000)
拟合优度	组内	0.7713	0.7698
	组间	0.7126	0.7148
	总体	0.7233	0.7325

变量		系数	
F 检验		55.64	
Breusch-Pagan LM 随机效应检验			LM = 12.31
Wooldridge 自相关检验		F = 2.204	
Breusch-Pagan LM 独立检验			χ^2 = 33.32
Wald 异方差检验		χ^2 = 14.65	
Hausman 检验		χ^2 = 3.16(Prob > χ^2 = 0.3094)	

注：＊、＊＊、＊＊＊分别表示的为 10%、5% 和 1% 的显著性水平。

基于以上的问题，对数据进行进一步检验，首先通过对数据平稳性检验，对区县数据进行单位根检验，在检验之前首先对数据进行对数化，这样可以消除异方差带来的数据干扰。单位根检验旨在剔除由于时序问题产生的数据不平稳问题，在该种问题存在下的回归问题会产生伪回归现象，因此，在进行回归之前，需要对变量进行检验。检验结果显示，在10% 的显著性水平下，各区县的部分变量显示为非平稳，经过一阶差分后，所有变量均在 10% 的显著性水平下趋于平稳（表 4-5），因此可以用最小二乘法进一步估计变量。

4.2.3.2　水土资源作用力分析

一阶差分的变量进行回归模型构建之后，对最终结果进行正则化处理，可以得到不同区县的生产函数。更进一步计算劳动力的增长率，利用公式 $n = (\frac{b}{a})^{1/9} - 1$，其中 a 为 2003 年的各区县的农业从业人数，b 为 2012 年各区县的农业从业人数，时间周期为 9 年。同理，可以通过计算得到 6 县 2 区的农业水资源增长率和土地资源增长率，最终得到农业水土资源对农业经济增长的作用力大小与方向（图 4-3）。结果显示，2003—2012 年间，甘州区水、土资源的作用力分别为 0.04% 和 0.24%；高台县水、土资源作用力分别为 0.01% 和 1.72%；山丹县水、土资源作用力为 1.14% 和 2.48%；民乐县水、土资源的作用力分别为 1.12% 和 -

0.49%;临泽县水、土资源的作用力分别为 0.69% 和 - 0.24%;肃南裕固族自治县水、土资源的作用力分别为 0.02% 和 - 2.68%;肃州区水、土资源的作用力分别为 0.11% 和 - 1.06%;金塔县水、土资源的作用力分别为 5.05% 和 - 1.50%。综上所述,2003 - 2012 年间。单位劳动力水土资源占有量的变化对黑河农业区经济增长呈现不同的作用,比如对甘州区来说,研究时间段内水土资源的综合作用力为 0.28%,这表征在农业整个生产过程中由于水土资源投入不能与劳动力人数相一致,出现了农业生产的实际年均增速减少了 0.28%。对于肃南裕固族自治县来说,研究时间段内水土资源综合作用力为 - 2.66%,表征在该时间段内,单位劳动力占有的水土资源以年均 2.66% 的强度推动着黑河农业区农业经济增长。同样,对于不同区县来说,水、土资源的作用力也存在较大差异,其中水资源作用力最大的金塔县与最小的甘州区相差 5.01%,土地资源"尾效"最大的山丹县与肃南裕固族自治县相差 5.16%。这是由于资源的不同禀赋所造成的水土资源在农业经济增长过程中的总体作用呈现较大差异。

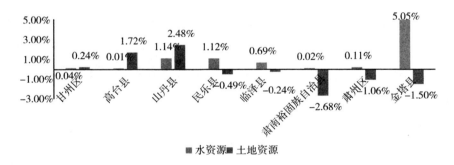

图 4 - 3　水土资源对不同区县农业经济增长作用强度与大小

Figure 4 - 3　The influencing intensity of water and land resources to agricultural economic development in districts/counties

　　综上所述,甘肃省黑河流域中游作为水资源短缺区域,在不同区县水资源均呈现出对经济增长阻碍的作用,也就是说,在农业经济增长的过程中,由于水土资源不能随着劳动力投入量的同比例增长,导致农业实际产出的增长速度比单位劳动力水土资源量不变的情形有所降低。土地资源在该区域来说,稀缺性并不是很强,尤其是肃南裕固族自治县,全县共有农牧业人口 2.55 万人,土地总面积 2.4 万平方公里,该区域是一个以畜牧业发展为主的县,该县的土地资源较为丰富。本书的计算结果,与国内外学者的研究进行对比(表 4 - 7),部分区县的水土资源作用力结果偏大,但是总体来说,结果基本符合国内外主流趋势的范围。

表 4 - 7   本书结论与部分国内外对比结果

Table 4 - 7   Results Comparision between this paper and other study

作者	年份	所研究的资源	结论
Nordhaus	1992	土地	土地资源的"尾效"为 0.06%
谢书玲等	2005	水、土地	水土资源总"尾效"1.45%,其中土地 1.32%,水 0.13%
聂华林	2011	水、土地	水土资源对中国农业的增长"尾效"为 0.11%,其中水 0.08%,土地 0.03%

出现结果偏大可能的原因是,本书分析的时间段为 2003—2012 年,在农业经济发展过程中,水土资源起到的影响可能有所差异,循环周期可能为"阻碍—促进—再阻碍—再促进",从而出现累加与累计效应,导致结果偏大。

4.2.4   水土资源阻尼效应空间分布

从空间来看(图 4 - 4),水土资源对农业经济增长的作用力,也就是对于农业经济增长的阻碍作用呈现不同的作用。首先,从水资源来看,对于当地农业经济的增长,同水资源与劳动力资源同比增长的情况相比,黑河农业区的农业经济增长呈现减少态势,而且从具体的县域尺度来看,位于农业区下游的金塔县由于水资源的作用,导致的农业经济增长较少,水资源匮乏也较为明显。

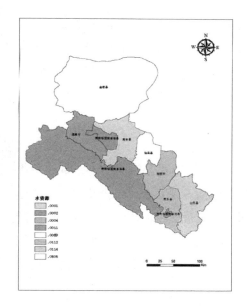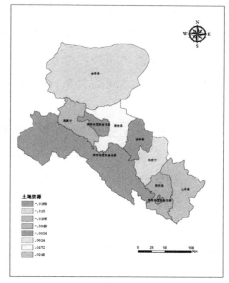

图4－4 水土资源尾效空间分布

Figure 4－4 Spatial distribution of water and land resources

从土地资源来看,部分区县的作用力为负,这就是说该时期内,单位劳动力占用的土地资源,以一定的程度推动着农业经济增长。这也说明,在研究时间段内,该区域农业发展受到的土地资源的约束影响不大。具体到区县尺度来看,张掖市、山丹县和高台县的土地资源作用力为正,民乐县、临泽县、肃南裕固族自治县、金塔县、肃州区的土地资源作用力为负。这与当地的产业结构密切联系,张掖县、山丹县与高台县是黑河流域重要工业区,农业用地近几年出现了大规模挤占现象,导致土地资源成为阻碍当地农业经济增长的因素。从其他区县来看,土地资源则是近些年来农业经济增长的重要驱动力。综上所述,在黑河农业区中,农业经济发展主要面临的威胁来自于水资源与产业发展,特别是第二、三产业,这些产业的发展过程中,不仅挤占农业的土地或者耕地面积,同时也会加速水资源消耗,引致对于农业发展更加恶劣的影响。

资源要素,包括水资源和土地资源在农业发展过程中重要的资源要素,在阻碍经济发展的过程中,同样对于经济发展中的技术进步起到了促进作用。由于资源的约束,会促使经济发展主体不断的通过技术进步来逐步调整资源之间替代弹性与系数,特别是通过新技术的研发,会直接与间接调整二者之间的关系,从而促进经济的快速增长。

4.2.5　水土资源增长作用力影响因素

本研究初步遴选的影响因素指标从三个维度上进行分析,即社会维度、经济维度和自然维度来选取。主要包括玉米面积、小麦面积、种植总面积、农村人均纯收入、有效灌溉面积、成灾面积、地区生产总值、第一产业占比、第二产业占比、第三产业占比、固定资产投资变化率等因素。根据回归因变量与自变量之间的关系,本研究对水土资源综合作用力、水资源作用力和土地资源作用力的影响因素进行回归分析,回归结果如下。

表 4 – 8　农业生产水土资源作用力影响因素

Table 4 – 8　The influence factors of agricultural water and land effect

变量	综合作用		水资源作用		土地资源作用	
	系数	标准误	系数	标准误	系数	标准误
玉米种植面积	− 6.28	4.24	− 46.02	31.13	39.73	26.88
	− 1.48		− 1.48		1.48	
小麦种植面积	− 3.32*	1.88	− 24.3*	13.82	20.98*	11.93
	− 1.76		− 1.76		1.76	
种植总面积	2.95	1.92	21.59	14.12	− 18.65	12.19
	1.53		1.53		− 1.53	
农村人均纯收入	− 0.002	0.0019	− 0.02	0.01	0.013	0.01
	− 1.07		− 1.07		1.07	
有效灌溉面积	0.00002	0.00003	0.0002	0.0002	− 0.0001	0.0002
	0.69		0.69		− 0.69	
成灾面积	− 0.13	0.71	− 0.94	5.21	0.81	4.5
	− 0.18		− 0.18		0.18	

变量	综合作用		水资源作用		土地资源作用	
	系数	标准误	系数	标准误	系数	标准误
地区 GDP	0.00003 *	0.00002	0.00003 *	0.0001	−0.0002 *	0.0001
	1.81		1.81		−1.81	
第一产业占比	−5.48	20.87	−40.14	153.08	34.66	132.21
	−0.26		−0.26		0.26	
第二产业占比	−53.77	50.64	−392.58	371.39	338.81	320.76
	−1.06		−1.06		1.06	
第三产业占比	−155.54 *	81.95	−1137.67 *	601.05	982.12 *	519.09
	−1.9		−1.9		1.9	
固定资产投资变化率	2.52	6.64	18.54	48.7	−16.02	42.06
	0.38		0.38		−0.38	
Constant	75	40.64	547.87	296.76	−472.87	256.3
	1.85		1.85		−1.85	

注：＊表示的显著性水平为 10%。

通过对水土资源综合作用以及水资源和土地资源单要素回归的结果显示，对其发挥作用起主要作用的要素是小麦种植面积、地区 GDP 和第三产业占比状况。从小麦种植面积来看，小麦的种植面积与农业水土综合作用力和水资源作用力呈负向相关关系，表示地区的小麦种植面积越大，水资源对农业生产的约束力就越小。但是，对于土地资源来说，恰恰相反，小麦种植面积的扩大将受到地区种植面积的制约，这主要与小麦的需水较少相关。

从地区生产总值来看，地区 GDP 的增加会导致水土资源对农业经济增长作用力的增加，同样，对水资源的农业增长作用力增加，但是对土地的农业增长作用力降低。也就是说，地区生产总值的提高会挤占农业发展空间，增长阻力是建立在大力发展第二产业的基础上，通过第二产业对第一产业产值的替代关系，对水资源和土地资源的作用呈现差异化特征。

　　从第三产业占比来看,第三产业占比的提高会引致对水土资源综合作用力影响的降低,水资源对总体经济增长的作用力也会降低,但是土地由于第三产业的发展对土地资源在农业生产中的作用力增强。

4.3　本章小结

　　水资源在社会经济发展中起至关重要的作用,尤其是在农业生产过程中。由于生态、经济、社会之间的权衡发展,干旱半干旱地区的农业水资源限制显得尤为重要。农业生产过程中的水土资源阻碍作用不仅仅来源于资源数量的不足,更关键在于资源的效率问题。本章主要就水资源与土地资源开展分析,首先估算二者的替代弹性,通过基于 Translog 生产函数的函数形式推导,对水土之间的替代弹性从形式上进行了描述,然后通过研究区农户尺度的水土资源替代弹性的匡算,得出农户尺度的水土资源替代弹性很小,二者在农业生产中,共同构成了生产所需基础。此外,本章基于 Romer 提出的水土资源约束模型,对水土资源对农业经济发展的作用进行估算。估算结果显示,在该区域中,对经济发展起显著阻碍作用的是水资源,且水资源的阻碍作用在区域的时空异质性呈现出较大的差异,同时,水土资源的异质性与限制作用同样会在促进技术进步方面起到重要作用,最后,基于水土资源在农业生产中的关键影响因素进行了定量刻画,通过对综合作用力、水资源作用力以及土地作用力的分析,可以看出,小麦种植面积、地区生产总值以及第三产业发展状况对水土资源的作用力起影响作用。

5 黑河流域农业水资源利用效率差异分析

5.1 生产前沿面的理论与方法

不同学者对于农业水资源利用效率的测度方法存在较大差异,当前比较常用的是单要素投入测度方式。该种方法对于关键要素对产出的影响在关键路径与途径上的识别能起到作用,但是无法描述多种要素共同起作用的过程。多要素的测算方式也有多位学者进行了尝试,最终发展较为成型的是利用生产前沿面理论对农业生产效率进行量化,该方法的关键在于生产前沿面的设定。

5.1.1 生产前沿面理论

基于不同测度效率的度量,目前学者有多种学术争鸣。生产前沿面分析法(Frontier Analysis)是大家比较认可分析方法(边文龙等,2016)。Farell 于 1957 年采取生产函数形式对英国的农业生产效率进行测度(李双杰等,2007)。这种研究方法主要包括以下步骤。第一,基于决策单元或者个体投入产出数据,对样本数据的生产函数形式进行搭建并通过生产函数估算出生产前沿面,这个前沿面应该是涵盖所有的生产单元在内的前沿面,全部决策单元应该在这个面上或之下;第二,估算各个决策单元或者个体的效率值,依据多种生产函数估算出的前沿面,测算不同样本个体与前沿面之间的距离,决策单元中有效的单元是指在投入产出条件下所能达到最大产出状况的决策单元。

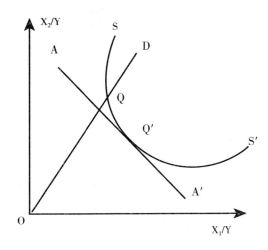

图 5 – 1　前沿面分析方法的投入型设定原理

Figure 5 – 1　The input orientation of frontier analysis method

一般来说,前沿面的方法涵盖投入型生产函数和产出型生产函数(郜亮亮等,2015)。投入型的生产函数是在产出一定的水平下如何实现投入水平最小的辨识研究,而产出型的生产函数则是在投入一定的情况下,实现产出最大化的研究。在 Farell 的研究中,可以将估算出的经济效率分为两个部分,第一个是配置效率,第二个是技术效率。配置效率是指在一定的价格水平下,决策单元所能产生的投入与最优产出之间的比例。技术效率是指在产出水平不变的条件下,决策单元最小的投入状况,体现了决策单元的技术水平。更进一步,技术效率又可以进一步细化为规模效率和纯技术效率(张文爱,2013)。规模效率主要表征在不同的规模报酬水平下的估算出的决策前沿面之间的差异情况。纯技术效率是表征规模报酬不发生变化的情况下,决策单元个体与生产前沿面之间的距离。

现设定决策单元以两种投入要素 X_1 和 X_2 生产 Y 产出的产品(图 5-1),经过进一步推导,在本书中用 AA′ 代表两种投入要素之间的价格比值,SS′ 为决策单元构建的生产效率方面边界,也就是生产的无差异曲线,此时,如果 D 点为某一企业,那么由于技术上产生的损失可以用距离 QD 来表示,也就是说 QD/OD 可以用来说明在产出不变的情况下,该 D 企业在生产过程中可以减少的投入比例,为此,D 企业的技术效率可以表示为如下形式:

$$TE = OQ/OD = 1 - QD/OD \qquad (5-1)$$

此时,如果 TE 等于 1,就说明 D 企业位于生产无差异曲线上,也就是技术效率有效的决策单元。同时,可以注意到的是,虽然 Q 点处于无差异曲线上,但是在生产过程中 Q′ 只需要更少的投入就可以生产同样的产出水平,这样在 Q 点上来说,就呈现出配置无效的状态。从点 Q 移动到 Q′ 就表示了虽然技术有效,但是由于配置无效带来的损失,通过进一步的优化可以实现产出不变水平下的投入水平减少,由此,D 企业的配置效率表示为如下形式:

$$AE = OE/OQ \qquad (5-2)$$

同样,D 企业的经济效率可以表示为如下形式:

$$EE = TE * AE = (OQ/OD) * (OE/OQ) = OE/OD \qquad (5-3)$$

产出导向型的生产函数是指在投入水平既定的情况下,如何实现产出水平最优的过程。现假设投入一种生产要素 X 产出两种产品 Y_1 和 Y_2 (图 5-2)。此时,ZZ′ 为生产可能性边界,也就是此时的效率边界,DD′ 为预算约束,与投入型生产函数类似,A 企业的技术效率就是 A 点距离前沿面 B 之间的距离,同样,A 点所引致的配置效率为 BB′ 变化过程中的重新配置所需要的成本。各种估算公式如下:

$$TE = OA/OB \qquad (5-4)$$

$$AE = OB/OC \qquad (5-5)$$

$$EE = TE * AE = (OA/OB) * (OB/OC) = OA/OC \qquad (5-6)$$

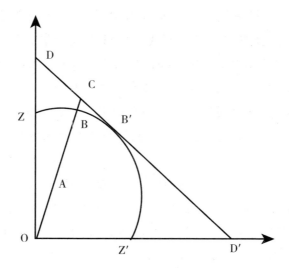

图 5 - 2　前沿面分析方法的产出型设定原理

Figure 5 - 2　The output orientation of frontier analysis method

基于以上的分析可以看出,决策单元想要提高效率的水平主要有两种方式,第一种为将企业的生产前沿面向外推移,第二种是改善企业自身的技术效率,减小企业自身的生产与前沿面之间的差距。

5.1.2　前沿面分析方法的种类

从方法形式来看,前沿面分析方法主要有两种,即参数估计法和非参数估计方法,厘定不同的参数函数形式的估计,从限定性函数形式分类,囊括限制性较强的和限制性较弱的函数形式(王思斯,2012)。此外,依据是否存在随机误差项、是否厘定偶然因素等,设定了基于不同的投入产出多种效率估算形式。

5.1.2.1　参数法

秉承传统的参数估计方法与思想,参数法估算效率方法首先是理清设定的假定条件,并依照生产过程中的投入产出过程对生产函数进行设定,估算出生产前沿面,在既定的基础上,参照已有的生产前沿面,并通过前沿面上的生产决策单元进行比对,定量刻画出其他决策单元的生产效率。当前有多种形式实现决策单元效率的测定,涵盖的方式也比较多样,主要囊括的方法有厚前沿方法(Thick Frontier Approach,简称 TFA)、自由分布方法(Distribution Free Approach,简称 DFA)和随机边界方法(Stochastic Frontier Approach,简称 SFA)三种(田伟等,2011)。在这些方法中,基于随机边界方法刻画不同,发展了厚前沿方法和自由分布方法两种,这两种方法都是在随机边界方法的基础上发展而来的,随机边界方法的应用最广泛(陈青青等,2011)。此外,参数法估计中的核心内容是生产函数的设定,对参数设置的关注从 Cobb – Dogulas 提出 C – D 生产函数之后有了许多变形(表 5 – 1)。这些生产函数主要在生产函数的多产出、价值型、动态性和随机性等方面取得了突破性研究进展。

表 5 – 1 生产函数的历史沿革

Table 5 – 1 The historic revolution of production function

年份	提出者	构造的函数形式
1928	Cobb-Dogulas	C-D 生产函数
1937	Dulaner	C-D 生产函数改进
1957	Solow	C-D 生产函数改进
1960	Solow	体现型技术进步生产函数
1961	Arrow	两要素 CES 生产函数
1967	Sato	二级 CES 生产函数
1968	Sato, Hoffman	VES 生产函数
1971	Christensen, Jorgenson	超对数生产函数
1971	Diewert	广义列昂惕夫生产函数
1979	Brown, Caves, Christensen	多产出超越生产函数
1980	Greene	最大可能随机前沿生产函数

数据来源:经本文作者整理获得。

(1)厚前沿分析方法

厚前沿分析方法(TFA)是由 Berger 和 Humohery 于 1991 年提出的,

该方法对生产前沿面的具体形式进行了设定。其特点是函数形式产出水平最优与最差四分位区间上的样本点来对生产函数进行估算,给出的生产函数形式也是穿过所有样本点"中心"的平均生产函数。此外,厚前沿分析方法(TFA)对样本之间的差异界定为随机误差,也就是说,样本之间不存在效率差异,如果估算的结果超出多数样本的上下线,则是由随机误差引起的。可以看出,厚前沿分析方法(TFA)认为低效率值是在上下限之间波动,但是随机误差的这些区间内,并没有对低效率值或随机误差分布做出任何假设。从另一个角度来说,厚前沿分析方法(TFA)本身并未对每一个生产单元的有效值进行估计,反映的是一个最佳值与最差值效率之间的差异情况,从而考虑两个"厚前沿"之间的偏差,得到两组样本之间的效率偏差,巧妙地规避了样本点中极值点对所估计样本可能的影响。

(2)自由分布分析方法

自由分布分析方法是由 Berger 于 1993 年提出的,此方法主要将误差项分为 X 非效率项和随机误差项,然后利用面板数据估计出不同时期的生产函数,进一步得到样本在不同时期的复合误差项,最终将所有的 X 非效率项进行排序,选择 X 非效率项最小的样本为生产最有效的点,然后将不同生产单元的观测值与最有效的点进行对比,从而得出不同样本中每个生产单元的相对效率值。

自由分布分析方法依照效率前沿的设定方法对生产函数的形式进行了厘定,标定过程中以区别于厚前沿分析的方法对无效误差以及随机误差进行了设定。该测定方法未对无效率项的具体分布做出设置,但是将研究整个时期内的随机误差考虑为可以相互冲抵的,这样就导致样本的均值为零,并且非效率项是常数。此外,在估算过程中对于生产的效率该方法估算为不同的生产以及成本函数,该方法基于给定的样本数据年份每一个基准年估算一个生产函数,从而精细描述由于技术和管理造成的无效损失,直接体现在生产函数上。同样,有别于其他方法,该方法未对决策单元的组内方差和组间方差进行设定,其基本假设为在规定时间内这些是可以相互抵消的,最终达到的效果为零。

(3)随机前沿分析方法

随机前沿分析方法的诞生不仅考虑了无效率因素对效率产生的影响,而且将随机冲击产生的结果进行了描述,模型中同时包含了随机误差项和无效率项。一般来讲,随机前沿效率估计模型一般设定的生产函数如下:

$$y = f(x,\beta)\exp(\mu - \nu) \qquad (5-7)$$

其中,y 代表产出状况,x 代表投入状况,β 为参数系数。误差项的构成主要分为两个部分,第一个部分为随机扰动项,服从独立分布,也就是 $\nu \sim N(0, \sigma_\nu^2)$,表示出现的不可控因素对生产可能产生的影响。第二项 $\mu \geq 0$,表征管理误差项,用来辨识在管理过程中的可控因素,也就是导致生产无效的主要原因。进一步推导可以得到生产单元的生产配置效率测算公式为:

$$Effi = \exp(-\mu) \qquad (5-8)$$

随机前沿分析方法对所观测样本的最大可能随机生产边界,并且将误差项区分为管理误差项和随机误差项,与其他方法相比,能够描述整个生产状态。

5.1.2.2 非参数法

非参数方法对于生产前沿面的具体函数形式不采取预设的形式,并且在模型设定中未对随机误差项进行描述。该方法原理为在生产决策过程中,形成效率前沿面,对不同的决策单元进行定量化表达。

非参数方法主要囊括无界分析法和数据包络分析法,二者之间的区别在于,无界分析法其实是数据包络分析方法的特例,该种方法确定的前沿面不是以处于数据包络分析前沿面定点上的决策单元认为是前沿面,而是以数据包络分析不同决策单元的自由组合排列方式进行组合估算,基于此,无界分析法所估算的生产效率一般要高于数据包络分析,在应用数量上,一般是应用数据包络分析方法较多。

参数法估算可以对于参数估计结果的信度与合理性进行统计意义上

的检验,但是在估算多投入多产出的过程中有一定的局限性,且一般的参数法给出的结果一般为决策结果,对于效率可能改变或者完善的方向无法给出变动的大小,此外,无法保证与现实情况之间的一致性也是一大缺点(全炯振,2009)。对于学者的研究,目前比较常用的多投入多产出决策分析主要是随机前沿分析和数据包络分析方法(赵林林,2016),数据包络分析方法因为具备诸多优点,而被学者在不同的领域予以应用。

在此,对数据包括分析方法进行重点介绍,其基本模型与方法如下:

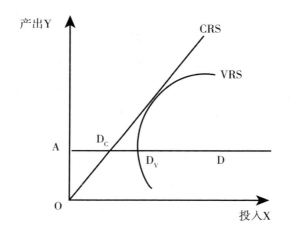

图 5 – 3　数据包络分析的纯技术效率和规模效率图

Figure 5 – 3　The Data Envelopment Analysis of pure technical

efficiency and scale efficiency

数据包络分析方法(Data Envelopement Analysis,简称 DEA)是集成统计学、运筹学以及部分管理学的概念的交叉学科出现的研究领域。此后,又迅速发展了随机前沿分析的方法(赵晨等,2013)。数据包络分析方法的多种估算方式优越性使得该方法目前已经发展成为测度多投入、多产出层面的生产效率主流方法,并且该方法在多个研究领域被学者应用。

假定某种生产决策过程中拥有一种投入要素 X,并产出一种要素 Y,此时决策单元生产采用不变规模报酬以及可变规模报酬进行生产,生产中采用投入导向型的生产前沿面测度方式,也就是说在产出不变的情况下,如何实现投入要素的最小化。在规模不变的情况下,在 D 点的决策单元产生的技术效率损失为 DD_c,在规模可变的情况下,D 点决策单元的技术效率损失为 DD_V,两种不同规模下产生的效率损失差值就是因为不同的规模生产所产生的效率损失。此外,技术效率还可以进一步拆解为两个部分,一个是技术效率,另一个为规模效率,其公式变形如下:

$$TE = PTE * SE \qquad\qquad (5-9)$$

$$PTE = AD_v/AD \qquad\qquad (5-10)$$

$$SE = AD_c/AD_v \qquad\qquad (5-11)$$

从而得出 $\qquad\qquad TE = AD_c/AD \qquad\qquad (5-12)$

对于生产决策过程,先设定有不同的 $n(j=1,2,\cdots,n)$ 个决策单元生产过程,这 n 个决策单元都投入 $m(i=1,2,\cdots,m)$ 种相同的生产要素,并产生了 $s(r=1,2,\cdots,s)$ 种产出,此时,用 x_{ij} 来表征 j 项决策单元的 i 中投入要素,y_{rj} 表示 j 个决策单元产生的 r 项产出水平,待估参数中 λ_j 为投入产出生产决策的权重指标,θ 表征估算出的决策单元的生产效率值。基于上述假设,设定的投入型生产函数的公式如下:

$$Min_{\theta\lambda}\theta \qquad\qquad (5-13)$$

$$Subject to \quad \sum_{j=1}^{n} \lambda_j x_{ij} \leqslant \theta x_{ij0}(i=1,\ldots,m) \qquad (5-14)$$

$$\sum_{j=1}^{n} \lambda_j yrj \geqslant yrj0 \ (i=1,\ldots,s) \qquad (5-15)$$

$$\lambda_j \geqslant 0 \ (j=1,\ldots,n) \qquad\qquad (5-16)$$

其中:公式 5-15 是对第 j_0 个决策单元效率评价模型的对偶形式,其经济含义很明显,为了评价 j_0 决策单元的效率,可用一个假想的组合决策单元与之比较。

求解纯技术效率的线性规划基本模型为:

$$Min_{\theta\lambda}\theta \qquad\qquad (5-17)$$

$$Subject to \quad \sum_{j=1}^{n} \lambda_j x_{ij} \leqslant \theta x_{ij0}(i=1,\ldots,m) \qquad (5-18)$$

$$\sum_{j=1}^{n} \lambda_j yrj \geq yrj0 \ (i = 1, \ldots, s) \tag{5-19}$$

$$\sum_{j=1}^{n} \lambda_j = 1 (j = 1, \ldots, n) \tag{5-20}$$

$$\lambda_j \geq 0 \ (j = 1, \ldots, n) \tag{5-21}$$

结合利用公式 5-18 和 5-19 的 θ 值可以求解出规模效率。

在对数据包络分析方法进行分析过程中,主要包括以下步骤(吴德胜,2006),第一,识别要评价的决策单元目标函数;第二,对决策单元进行标识;第三,界定投入产出指标,就是数据估算过程中输入数据;第四,对所要采用数据包络模型进行设定;第五,选择软件进行效率估算;第六,得出投入产出生产决策的估算结果。

此外,在数据包络分析方法分析过程中,也应该满足以下条件(杨国梁等,2013)。第一,决策单元在生产过程中具有相同的决策生产产品,投入也必须一致;第二,决策单元生产的外部环境应该是无差别的;第三,决策单元的投入产出指标必须一致;第四,决策单元能够代表生产的过程,有一定的代表性。

数据包络分析方法的优势多种多样,例如,数据包络分析方法可以测度多投入、多产出决策单元的相对效率值,无需对投入产出数据的量纲问题进行考虑,可以提出决策单元改进效率的决策方向,对生产函数的形式无需以实现主观的形式决定等。但是,数据包络分析方法也有自己的不足,例如,对随机误差项的描述有待细化,数据分析方法将单个决策单元到前沿面上的效率差值都界定为效率值,将一些可能造成误差的因素未予考虑,估算出结果也不能对参数的显著性进行界定等。

5.1.2.3　方法的比较

在生产效率的估算中,通过参数法和非参数法对经济社会的各种生产活动进行描述,并将这种描述方式运用于多种生产活动中。参数化测算方式的关键是定量化估算一条基于各样本最优化目标下的决策单元样本回归线。通过这一条回归线,将生产过程中的投入与产出变量链接在一起。对于生产函数中参数的估计则采用极大似然估计的方式进行率定,并在设定过程中对误差项应遵循的函数形式进行框定,此外,参数方法估计出的函数还应该对相关结果进行参数结果检验。但是以上这些假设对于一般的非参数函数设定都不需要,非参数方法主要是采用线性实证规划的方式对决策单元进行"帕累托最优"的生产前沿面构建,以是否处于生产前沿面来判定效率高低,不在生产前沿面的决策单元均为生产无效率的单元,在生产前沿面上的点则为决策有效点。假设某种生产过程的决策单元中用单一要素作为投入,生产过程中决策单元落在前沿面上的相对生产效率为1,表征生产有效的点,同样的,落在前沿面以下的生产单元则为效率无效的点。基于以上的几种效率测定方法,可以发现,主要区别在于参数和非参数函数厘定方式确定的生产前沿面方法,参数方法的形式主要采用回归函数的形式对前沿面进行构造,但是非参数的方法主要采用线性规划的方式对前沿面进行构造。考虑到生产无效率的原因,参数方法主要是对随机误差项进行了无效率的估算处理,但是非参数方法没有对此作出相应的考虑,参数的方法考虑的因素囊括了部分外部不可控的因素,可能由于数据或者样本造成的噪声以及在实际数据的测定过程中的偶然因素导致的随机误差。此外,对于在生产无效的过程中管理导致的误差也进行了描述,并且对于不同函数形式也给予了分布形式的假定。基于以上的异同,参数法与非参数之间的学者"战争"一直不止。

参数法界定了生产函数的不同形式,这也标志着该方法对生产前沿面的形状做出了规定,并且通过参数的形式对生产过程中的可以控制因素和不能控制的因素做出了辨识,这些因素所服从的分布形式也做出了框定。因此,该种方法是传统的理念界定方式在实际描述中对于生产现实情况也较为吻合,并能够通过函数形式对估计结果的参数有效性进行统计意义上的检验,但是该种方法也存在一定的改进空间。第一,在生产函数的形式选定上具有较大的主观性,如果在生产函数的形式选定上出现偏差,那么对于将来的结果也会呈现出较大的差异性。第二,在函数设定过程中,对随机误差项和管理上的误差项的设定可能在实际状况的模拟中很难达到,这样会降低估算结果的有效性。第三,最终生成的生产函数在估计方式上将现实情况中的情况予以"平均化",与在前沿面设定过程中的"客观、可信"原则设定上有一定的差距,因此,在初步设定过程中就产生了异质性。基于上述不足,前沿面生产函数在处理多产出的过程中就有一定的限制,并且在估算参数方法的过程中,需要对大样本数据的积累与收集。非参数形式的方法没有预先对函数的形式作出界定,此外,对于估算出的生产可能性边界的形式也未作出界定,只是在估算过程中不断的推导与阐述,厘定了生产函数的形式表达式。该种方法巧妙地规避了在确定生产前沿面的过程中可能遇到的随机误差项分布形式假定的问题,其最大的优势是能直接以生产的实物当量来进行测算,从而进一步规避了可能由于价格问题引致的不合理影响,与其他方式比较,具有计算简单,数据样本量需求少的特点。但是,非参数函数对于在生产过程中偶然因素,例如数据、测度等问题产生的随机误差未予以考虑,而这些误差的存在会导致估算结果的不准确。

实际上,不同学者对于参数法和非参数法之间的优劣很难予以明确的界定,特别是二者由于生产前沿面确定的过程中对于随机误差项的设定的差异性,会使得估算同一样本所得出的结果存在较大差异。基于上述研究方法的不同,学者都提出了相应的改进方法,例如基于超对数生产函数的形式来克服生产函数设定主观性的问题,该种生产函数具有设定过程较为灵活的特点,在非参数数据包络法估算的时候可以采取嵌入一定的随机误差线性规划模型,搭建包含随机误差项的非参数估算方法,从而得到更加合理的生产前沿面,最终导致估算的结果与实际结果更加接近。虽然,到目前为止,不同学者之间的争吵还是存在,但是诸多学者已经基于上述两种测算方式对实际生活中多方面效率进行测度,这些结果的可比性以及考虑价格因素的效率测度将是未来测定上的一大突破。

5.1.2.4 Malmquist 指数分析法

虽然数据包络方法对于决策单元在某一年的表现也就是效率进行了

静态测度,但是在率定长时间序列的效率测度上估算方式存在严重不足。在这种情况下,就需要进行引入指数的方法进行辨识,Malmquist 指数分析可以有效地对这种变化辨识。

(1)Malmquist 指数介绍

1953 年,来自于瑞典的经济学和统计学家 Sten Malmquist 首次提出了 Malmquist 指数,但是该种方法主要用于对消费者的购买行为中。此后,学者采用 Malmquist 指数以生产率指数的形式进行分析。最终到 1993 年,Fare 将 Malmquist 生产率变动指数引入了投入产出变化过程(袁群,2009),用来测定不同决策单元的生产力的变化状况,主要应用于对于生产效率变动的测定等领域。后来,经过多位学者的潜力发展与研究,目前 Malmquist 指数测定方式已经日臻成熟。

在投入产出分析方面,Malmquist 指数主要在以下几个方面具有优势。

第一,Malmquist 指数在描述全要素生产率变动过程中,将这种变动过程可以分解为由于技术变化引致的和由于技术进步变动引致的(马海良等,2011),从而更加形象地描述由于效率变动和技术进行引起的变化,这样也就能更加清晰看出全要素生产率变动是因为前沿面的推移还是效率提高所起到的效应。

第二,该种方法对于生产函数形式不需要事先进行假设,能够有效规避模型在假设过程中引起的误差。

第三,该方法将投入产出中的价格可以有效地剔除,规避了由于价格量纲不一致引起的估算结果差异。在现实生活中,一般来说,最终产品的价格信息比较完备,而如果是中间投入要素,特别是农业生产中,部分农户自留的投入是无法用价格估算的。

(2)Malmquist 生产率变化指数的基本模型

Malmquist 生产率变化指数的形式如下:

$$M_0(x^t,y^t,x^{t+1},y^{t+1}) = \frac{D_0^{t+1}(x^{t+1},y^{t+1})}{D_0^t(x^t,y^t)} \times \left[\frac{D_0^t(x^{t+1},y^{t+1})}{D_0^{t+1}(x^{t+1},y^{t+1})} \times \frac{D_0^t(x^t,y^t)}{D_0^{t+1}(x^t,y^t)} \right]^{\frac{1}{2}}$$

$$(5-22)$$

其中：

$D_0^t(x^t,y^t)$ 表征以 t 期的技术所表示的当期的效率水平；

$D_0^{t+1}(x^{t+1},y^{t+1})$ 代表以 $t+1$ 期的技术所表示的当期的效率水平；

$D_0^t(x^{t+1},y^{t+1})$ 代表以第 t 期的技术（即以第 t 期的数据为参考集）所表示的 $t+1$ 期的效率水平；

$D_0^{t+1}(x^t,y^t)$ 代表以第 $(t+1)$ 期的技术（即以第 $t+1$ 期的数据为参考集）所表示的 t 期的效率水平。

基于此，可以清晰判定 Malmquist 生产率变动指数组成的两个部分，第一个是从 t 期到 $t+1$ 期的技术效率变动，用 $\dfrac{D_0^{t+1}(x^{t+1},y^{t+1})}{D_0^t(x^t,y^t)}$ 测度。第二个是从 t 期到 $t+1$ 期的技术进步变动，用 $\left[\dfrac{D_0^t(x^{t+1},y^{t+1})}{D_0^{t+1}(x^{t+1},y^{t+1})}\times\dfrac{D_0^t(x^t,y^t)}{D_0^{t+1}(x^t,y^t)}\right]^{\frac{1}{2}}$ 测度，如果在测度结果中，Malmquist 生产率变动指数大于 1 时，表征全要素生产率变动处于进步阶段；如果其值等于 1，表征生产率处于不变状态，也就是处于停滞状态；如果其值小于 1，那么该生产环节出现了生产率下降态势。

基于上述研究可以看出，这些是基于规模报酬不变情况，得出的对相应生产形势的估算情况，但是在现实的生产活动中，规模报酬不变的假设难以满足。为此，相关学者发展了更加可行的规模可变规模 Malmquist 生产率变动指数（廖虎昌等，2011）。如果规模可变状态下，Malmquist 指数的技术效率首先分解为规模效率和纯技术效率变化，此时，相应的公式表达形式如下：

$$M_0(x^t,y^t,x^{t+1},y^{t+1}) = \frac{S_0^{t+1}(x^{t+1},y^{t+1})}{S_0^t(x^t,y^t)}\times\frac{D_0^{t+1}(x^{t+1},y^{t+1}/VRS)}{D_0^t(x^t,y^t/VRS)}$$

$$\times\left[\frac{D_0^t(x^{t+1},y^{t+1})}{D_0^{t+1}(x^{t+1},y^{t+1})}\times\frac{D_0^t(x^t,y^t)}{D_0^{t+1}(x^t,y^t)}\right]^{\frac{1}{2}} \quad (5-23)$$

此时，用 $\dfrac{S_0^{t+1}(x^{t+1},y^{t+1})}{S_0^{t}(x^{t},y^{t})}$ 来描述规模效率变动，用

$\dfrac{D_0^{t+1}(x^{t+1},y^{t+1}/VRS)}{D_0^{t}(x^{t},y^{t}/VRS)}$ 描述纯技术效率变动。当然，基于数据包络分析方法发展起来的 Malmquist 指数也有一些自己的基准规范，首先必须满足数据包络分析方法的基本规范，此外，对决策单元的决策期应该是在不间断的 5 年以上。

5.2　黑河流域县域尺度水资源利用效率

5.2.1　县域尺度水资源利用效率测度范围界定

黑河流域是我国第 2 大内陆河流域，是西部干旱区重要粮食生产基地，研究黑河流域的农业水资源利用效率具有重要意义，可为当地及全球其他干旱半干旱地区提供参考，同时对于干旱半干旱区用水效率的测度提供借鉴。当前，对于黑河流域水资源的研究主要集中于水资源承载力、水资源开发过程中的合理利用、水资源发展的可持续性等方面。相关研究指出黑河流域农业用水生态足迹远远高于其他水资源生态足迹（Zhang, et al. ,2012），但目前对黑河流域农业用水效率的研究较少。有学者运用数据包络法对 2002—2009 年的黑河中游张掖段 5 县 1 区的农业、工业、生活和总用水效率进行了测度，但在研究时间段上较短，对黑河农业发展的借鉴意义较差，不能满足经济发展和生态保护的决策需求（Wu, et al. ,2015）。本研究的结果可为黑河流域及其他地区的流域管理与农业水利用效率提高提供重要参考信息和科学依据，对于农业水资源合理利用与可持续发展具有重要意义。

黑河流域地处干旱半干旱地区，水资源分布空间数量异质性较强，并

且对水资源需求极为旺盛,社会经济发展过程中水资源压力也较大。截至 2012 年,黑河流域水利工程全流域建成中小型水库总计 57 座,总库容量 2.76 亿 m³,黑河干流灌区引水工程 96 处,配套机井 97771 眼,年提水量 5.81 亿 m³,该区域总灌溉面积达 460.19 万亩,其中农田灌溉面积365.76 万亩,林草地灌溉面积 94.42 万亩,水资源在社会经济发展中成为关键制约因素。黑河流域的水资源矛盾冲突由来已久,为解决这一冲突,不同利益方进行了分水方案的设置,其中,具有典型代表性的方案为《黑河干流水量分配方案》,也被称为"1997 年分水方案",方案的设置主要如下:如果莺落峡多年平均径流量为 15.8 亿 m³ 时,给下游正义峡的水量为 9.5 亿 m³。此外,该方案对于莺落峡 75% 来水量和 90% 来水量设置了不同情景方案。分水方案的可操作化凸显了该区域县域层面水资源的供需之间矛盾巨大,但是分水方案设置的年份较为久远,因此,所产生的效果也有待改善。

黑河流域位于河西走廊中部,介于 98° ~ 101°30' E,38° ~ 42°N 之间。起源于青藏高原东北部祁连山地,经过青海、甘肃、内蒙古 3 个省(自治区)。黑河农业区属于典型的大陆性温带干旱气候,降水量较少,蒸发量较大,属于水资源匮乏地区,该地区的用水需求较大与水资源严重不足之间的矛盾比较突出(Wu, et al.,2014)。黑河流域上游与下游主要为农牧区,主要的粮食产区为甘州区、高台县、山丹县、民乐县、临泽县和肃南裕固族自治县以及金塔县和肃州区。其中,黑河中游的张掖市为全国重要的制种玉米基地。2015 年该市制种玉米种植面积 5.93 万亩,占全国玉米制种面积的 26.8%。黑河流域由于其水资源差异,形成了上游产水、中游生产用水、下游生态用水的区段差异特点。黑河的经济发展主要依靠农业,而农业的发展又离不开对水资源的依赖。据统计,该地区多年平均农业用水量占总用水量的 94%,其中 90% 用于农业灌溉(Zhang, et al.,2015)。而自从黑河流域实施分水政策以来,上游、中游和下游需水有明确的界限,各市县需水与供水总量也基本保持平衡。如何在既定用水资源条件下更加高效地使用水资源,是黑河农业区亟待解决的问题提高黑河农地用水效率也是解决黑河流域农业用水与生态用水冲突的重要途径。

5.2.2 基于面板数据的效率测算模型

5.2.2.1 农业用水效率测度(DEA)

目前国内外学者已经有多种方法对农业水资源利用效率进行测度,但是综合多种方法,较为科学的方法主要包括参数法和非参数法两大类,而参数法中用的较多的为随机前沿分析,非参数方法主要为数据包络分析方法。数据包络分析方法(DEA)作为典型的非参数方法,其在农业水资源利用效率的估算过程中,可以避免部分的主观原因引致的误差。第一,DEA 方法对于投入与产出之间的具体函数形式没有限定,可以避免由于生产函数形式的主观选择带来的影响。第二,DEA 方法还给出了对于无效率项的具体改进方向,也就是为了达到有效状态,各项投入需要减少或者增加的程度。第三,对样本数量的要求较低。

一般来说,依据设定的不同,可以将数据包络分析方法(DEA)分为两种方式,即基于投入型数据包络分析方法(DEA)和基于产出型的数据包络分析方法(DEA)。两者的差距主要体现在前者是产出水平既定条件下的最小可能投入效率,后者是在现有的投入水平下,可能的最大产出。如果是在规模收益不变的情况下,两种方式估算的结果基本一致。本研究主要厘定农业水资源的投入产出效率,因此本书的估算采取投入性 DEA 方法进行研究区农业用水效率测度,水资源利用效率的测度可以用来研究现有范围内农业用水的相对效率。考虑到本研究关注的是如何在用水总量不变的情况下提高农业用水效率,因此采用了投入型的数据包络分析模型。此外,本书的估算过程中采取资本存量对相应的水资源效率进行估算,具体估算形式如下。

区县 i 在 t 年的固定资本存量 K_{it} 计算公式如下:

$$K_{it} = I_{it} + (1 - \eta) K_{i,t-1} \tag{5 - 24}$$

各区县每年的投资值 I_{it} 根据《统计年鉴》的"固定资产投资价格指

数",将年度新投资值调整为 2000 年不变价的实际投资值,η 为折旧率。考虑到本研究中的区县尺度较小,采用 5% 的折旧率予以折旧。

如果农业用水效率为 1,说明该生产单元的农业水资源利用效率在决策前沿面上,也就是说,该生产单元在现有投入状况,包括土地、水、劳动力、资本下,已经达到了可能生产的最大产出,但是如果农业水资源利用效率估算结果小于 1,说明仍然存在改进区间。假设有 $n = 1,2,3,\cdots,8$ 县(区)农业用水决策单元,并且在 $t = 1,2,3,\cdots,10$ 的每一个时间段内都使用了 $i = 1,2,3,\cdots,I$ 种要素投入,产出 $j = 1,2,3,\cdots,J$ 种产出。在投入产出指标上,如果分别用 x 和 y 予以代表投入产出,那么 N 个县农业用水在时期的投入产出指标可以记为 $x_{i,n}^t$ 和 $y_{i,n}^t$,则每个县上的农业用水效率可以看成是决策单元。该模型可表达为:

$$
\begin{cases}
\min(\theta - \varepsilon(e_1^T + e_2^T)) \\
s.t. \sum_{j=1}^{J} x_{ij}\lambda_j + s^- = \theta x_i^n \quad i = 1,2,3,\ldots,I \\
\sum_{j=1}^{J} y_{ij}\lambda_j - s^+ = y_i^n \quad i = 1,2,3,\ldots,I \\
\lambda \geqslant 0 \quad t = 1,2,3,\ldots,10
\end{cases}
\tag{5-25}
$$

式中,$0 < \theta < 1$ 为综合技术规模效率,简称为综合技术效率。λ_j 为权重变量,$s^-(s^- \geqslant 0)$ 为松弛变量;$s^+(s^+ \geqslant 0)$ 为剩余变量;ε 为阿基米德无穷小。上式是基于规模报酬不变的 DEA 模型,如果 $\theta = 1$ 则表明该县用水效率处于最优水平的前沿面上。本书测算过程采用两种方案,一种为投入型 DEA 方法,另一种为超效率 DEA 方法,超效率 DEA 能够克服一些传统 DEA 的缺陷,主要表现在对于部分效率值为 1 的决策单元,也就是效率处于前沿面上的决策单元,传统 DEA 无法对这部分之间的优劣性进行比较排序。超效率 DEA 的核心思想为:在对某个决策单元进行评价之前,首先将其排除在外,尤其在测评时,对于无效的决策单元,其生产前沿面不会发生变化,这样导致最终的效率值与传统 DEA 是一致的。但是对于有效的决策单元而言,在其效率值不变的情况下,相当于投入产出值

发生了改变,将投入增加的比例标记为超效率评价值。这样,最终会引致其生产面前移,测度出的效率值一般要大于传统值。

5.2.2.2 农业区全要素生产率变化分析

为进一步对于传统 DEA 方法估算结果进行补充,可以通过多种方式反映县域尺度的决策单元效率的改变值。一般比较常用的为构建指数的方式,目前经常使用的是 Malmquist 指数。该指数最早于 1953 年由瑞典学者 Sten Malmquist 提出,后学者将其引入了生产领域。本研究中 Malmquist 指数用来测算黑河农业区全要素生产率变化,并通过 Malmquist 指数拆分为黑河农业技术效率进步和黑河农业技术变动进步,并对两项指标进行分析。Malmquist 指数可以用来测量农业全要素生产率变动率。Malmquist 指数可以分解为两个部分,一个是技术效率变动指数(EC),另一个为技术进步变动指数(TC)。技术进步是指一定时期内由于生产前沿面的变化所带来的 TFP 变化,技术进步会出现生产前沿面的改变。技术效率则是指在一定时间内由于技术自身效率变化所带来全要素生产率改变。设 $D_c^t(x_t,y_t)$、$D_c^{t+1}(x_t,y_t)$ 为距离函数,那么基于 t 期和 $t+1$ 期的 Malmquist 指数分别为:

$$EC = M_t(x^t,y^t,x^{t+1},y^{t+1}) = \frac{D_c^t(x_{t+1},y_{t+1})}{D_c^t(x_t,y_t)} \qquad (5-26)$$

$$TC = M_{t+1}(x^t,y^t,x^{t+1},y^{t+1}) = \frac{D_c^{t+1}(x_{t+1},y_{t+1})}{D_c^{t+1}(x_t,y_t)} \qquad (5-27)$$

综合技术效率的计算公式为:

$$M_t(x^t,y^t,x^{t+1},y^{t+1}) = EC \times TC = \left[\frac{D_c^t(x_{t+1},y_{t+1})}{D_c^t(x_t,y_t)} \times \frac{D_c^{t+1}(x_{t+1},y_{t+1})}{D_c^{t+1}(x_t,y_t)}\right]^{\frac{1}{2}}$$

$$(5-28)$$

本章测算的主要目的是清晰厘定农业实际水资源利用效率与最优水资源利用效率之间的差距,并对这种差距存在的原因进行深入分析,从而切实为干旱半干旱地区的农业水资源节水发挥作用。为了进行相应估算,将各县域标定为决策单元。与上一章一致,投入产出数据仍然使用

2003—2012 年的区县数据进行分析。上一章主要对水土资源对农业生产的阻尼效应进行了分析,本章将对农业区县尺度的水资源利用效率进行考察。本部分投入产出数据的厘定中,土地种植面积采用实际种植面积作为投入要素,此外,其他的投入要素还包括水资源、劳动力以及资本投入等。产出要素方面,为了避免由于量纲带来的问题,产出数据使用农业产值作为产出变量。

将投入产出数据进行相关性检验(表5-2),可以得出四个投入变量与产出之间呈现较强的相关性。农业水资源投入与农业产值之间的相关性是0.38,表明农业水资源是农业生产的重要投入要素。

表 5 - 2 各变量之间的相关系数

Table 5 - 2 The correlation between variables

	农业产值	资本投入	土地面积	劳动力投入	水资源投入
农业产值	1				
资本投入	0.6693	1			
土地面积	0.4461	0.2505	1		
劳动力投入	0.471	0.3434	0.7883	1	
水资源投入	0.38	0.2958	0.8913	0.5601	1

数据来源:经由本文作者整理获得。

5.2.3 区县农业水资源利用效率估算

对研究区 2003—2012 年的农业水资源利用效率的超效率 DEA 测度结果显示,不同县域尺度的农业水资源利用效率差异性较大。

5.2.3.1 超效率 DEA 估计结果

具体来看(图5-4),2003 年民乐县农业水资源利用效率最大,特别是从区域的空间尺度来看,民乐县的农业水资源接近金塔县农业水资源利用效率的 2 倍。2004 年,各县尺度的农业水资源利用效率区域一致,其中,具有典型代表性的为山丹县的农业水资源利用效率,从该年开始,山丹县开始凸显优势产业作用,特别是马铃薯和油菜优势产业发展。2005—2008 年,各区县的农业水资源利用效率变化不是特别大,基本呈现出水资源相对充足区域、农业水资源利用效率偏低、水资源相对缺乏区域、农业水资源利用效率偏高的态势。

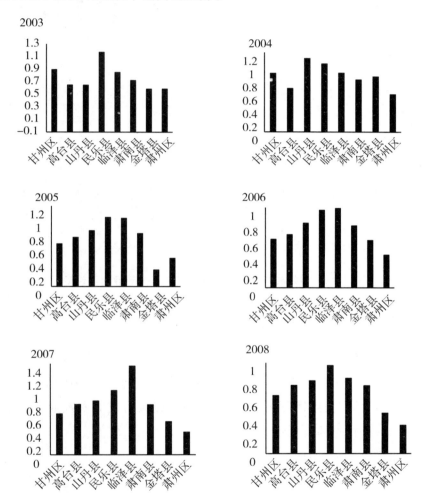

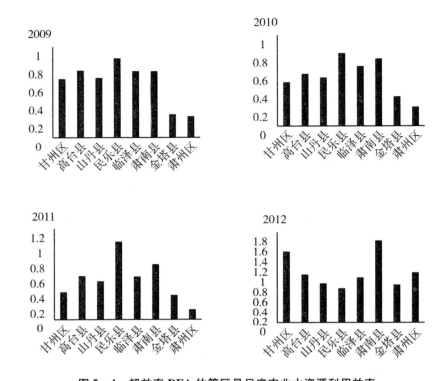

图 5 - 4 超效率 DEA 估算区县尺度农业水资源利用效率

Figure 5 - 4 The Agricultural Water Use Efficiency estimated by Super-Efficiency DEA model

从 2009 年开始,各区县的农业水资源利用效率出现了较为明显的变动,特别是对于肃南县来说,农业水资源利用效率变化尤为明显,这与当地农业技术推广力度密不可分。同时,该区域大力发展农牧业专业合作社的形式,进行整体发展形式的架构。

5.2.3.2 传统 DEA 估算结果

依据传统 DEA 估算方程,基于 2003—2012 年的农业区县层面的农业水资源进行估算,得出了如下结果(图 5 - 5)。传统 DEA 测算结果显示,在 2003—2012 年间,各区县农业用水效率的平均值均小于 1,说明均存在一定程度的改善空间,但针对不同区县所呈现出的用水效率变化差异性较大。比如,甘州区农业用水效率总体来说处于较高态势。从2003—2012 年来看,农业用水效率最低的为 2006 年,但是用水效率已达88%;高台县与山丹县农业用水效率变化较为平稳,高台县变化较山丹县更加显著;民乐县与临泽县的农业用水效率在 2003—2011 年一直为效率最优的状态,但是 2012 年出现了明显下降;肃南县和金塔县的用水效率迅速提高,2003 年两县用水效率处于其他县的一半,但是到 2012 年,两县用水效率基本与其他县持平;肃州区的农业用水效率出现初期上升,中期下降,后期上升的趋势。

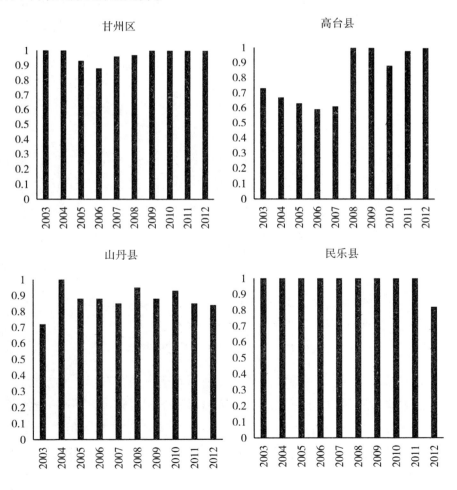

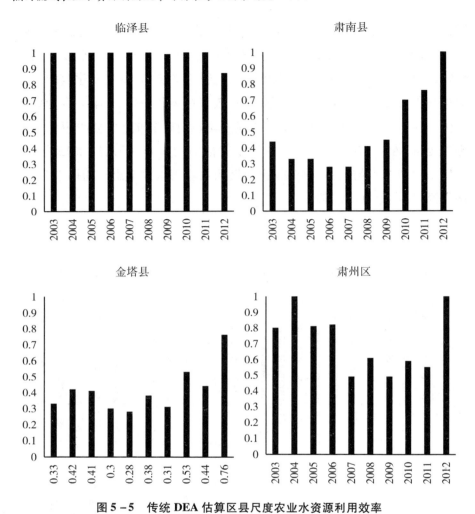

图 5 - 5 传统 DEA 估算区县尺度农业水资源利用效率

Figure 5 - 5 The Agricultural Water Use Efficiency

estimated by traditional DEA model

总体来看,区县尺度的农业水资源利用效率主要存在以下几个特征。

区域差异明显,甘州区农业水资源利用效率相对较高,多年均值大于 0.90。金塔县农业用水效率较低,2003—2011 年间,其农业用水效率是其他县域尺度的一半。变化节律有异,高台县与山丹县农业用水效率变化较为平稳,相对而言,高台县较山丹县更剧烈些。陡然变化与发展规划及实践几乎同步,2003—2011 年,民乐县与临泽县农业用水效率一致较高,但是自 2012 年出现了下降。变化轨迹与产业结构调整呈一定程度的依赖性与互动性,肃南县农业用水效率提升明显,2003 年用水效率是其他县的一半,但是到 2012 年,用水效率基本与其他县持平。肃州区农业用水效率出现初期上升,中期下降,后期上升的态势。

本研究通过借助 Malmquist 指数进行计算得出全要素生产率增长率和技术效率变动指数以及技术进步变动指数。结果表明,黑河农业区全要素生产率增长率 2011—2012 年变动幅度最大,黑河农业区全要素生产率增长率的变动趋势呈交错变化的状态。全要素生产率增长率大于 1 的年份有 2004 年、2007 年、2010 年和 2012 年,小于 1 的年份为 2005 年、2006 年、2009 年、2011 年,2008 年效率没有发生大的改变。通过分解可以看出,黑河农业区农地用水的技术变动指数基本与全要素生产率变化程度基本相同。具体到区县上,2003—2012 年肃南区的全要素生产率变化最大,其中,由于技术进步指数变动指数增幅明显高于技术进步变动指数,而且,通过对比可以看出,不同区县农业生产效率除民乐县外,均为技术进步指数变动较大,这说明黑河农业用水效率的增加更多是由于技术进步。

5.2.3.3 两种方法比较

将超效率 DEA 与传统 DEA 的结果进行对比之后(图 5 - 6),可以看出不同年份和尺度上两种估算结果差距。特别是在部分农业水资源利用效率为 1,也就是从有效的单元来看,2003 年传统 DEA 估算中民乐县的农业水资源利用效率为 1,而采用超效率 DEA 估算的农业水资源利用效率为 1.27。2004 年山丹县传统 DEA 估算出的农业水资源利用效率为 1,而采取超对数 DEA 估算的结果则为 1.11。可以看出,不同的估算方式对于农业水资源利用效率的影响是较为明显的。

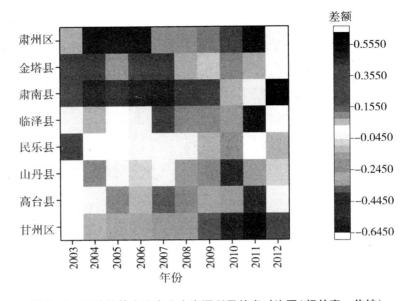

图 5-6　两种估算方法农业水资源利用效率对比图（超效率-传统）

Figure 5-6　The comparison between two estimate methods

in Agricultural Water Use Efficiency

本章主要基于 2003—2012 年投入产出数据进行了估算,采用超效率 DEA 与传统 DEA 方法,二者的假设、理念基本相同,但是两种方式估算的结果存在较大的差异。超效率 DEA 估算的结果中,部分县域尺度的农业水资源利用效率估算结果明显低于传统 DEA,可能是由于在计算中,传统 DEA 超越前沿面的生产单元较多,但是限于计算方式所限,只能计算出效率为 1,当采用超效率计算时,对前沿面进行了进一步修正,这样,原来效率为 1 的,也就是有效的决策单元变为非有效的。为辨识两种估算方式之间的关系,本书采用配对样本 t 检验和 Person 相关系数检测二者之间的相关性。

（1）超效率 DEA 与传统 DEA 估算结果

通过计量经济学软件对数据进行配对样本 t 检验,可以得到,两种估算方式下的农业水资源利用效率经过配对样本 t 检验得出,超效率 DEA 估算的结果与传统 DEA 估算结果之间在 10% 的显著性水平下存在显著差异。

具体来看,虽然超效率 DEA 在部分效率超过 1 的点农业水资源利用效率高于传统 DEA,但是就均值来看,传统 DEA 估算结果大于超效率 DEA。

表 5 – 3　区县农业水资源利用效率超效率 DEA 与传统 DEA 结果配对 t 检验

Table 5 – 3　The paired t test of supper-efficieny DEA model and traditional DEA model

变　　量	均　值	标准误	95% Conf. Interval	
超效率农业水资源利用效率	0.7284	0.0308	0.6671	0.7896
传统农业水资源利用效率	0.7821	0.0279	0.7265	0.8377
diff	– 0.0537 *	0.0305	– 0.1144	0.0069
t 值	– 1.7626			

注:*、*、*、* * *分别表示的为 10%、5%和 1%的显著性水平。

通过两种效率估算的折线图可以看出(图 5 – 7),超效率 DEA 估算结果在部分效率为 1 的点估计效果明显大于传统 DEA,但是在其他区域估计结果基本一致。

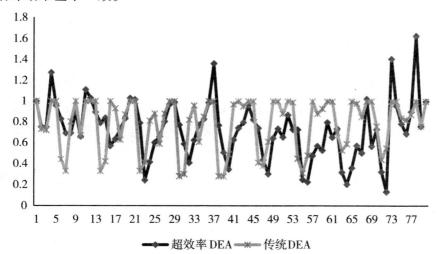

图 5 – 7　超效率 DEA 估算结果与传统 DEA 结果对比图

Figure 5 – 7　The comparison of the results between supper-efficieny DEA model and traditional DEA model

（2）超效率 DEA 与传统 DEA 估计结果排序的一致性

基于上述的估算，虽然两种方法估计结果之间的差别不是很大，但是二者之间是存在显著差别的。为此，进一步对估算结果进行了 Person 相关矩阵分析（表 5－4），可以通过该矩阵反映两种估计结果之间的相关关系。可以得到，Person 相关系数大于零，也就是说估算的结果具有较强的一致性。

表 5－4　两种农业水资源利用效率估算方法的 Person 检验

Table 5－4　The Person test of the results of supper－efficieny

DEA model and traditional DEA model

	超效率 DEA	传统 DEA
超效率 DEA	1	
传统 DEA	0.4641	1

5.2.4　区县农业水资源利用效率趋同检验

"趋同"是表征地区水资源利用效率差异逐渐减小的概念，主要是指在较为封闭的环境中，对于一个有效经济范围的不同经济单位，初始的静态指标和其经济增长速度之间存在负相关关系，也就是落后的经济单位比发达经济单位具有更高的增长率，从而导致各经济单元期初的静态标准差异逐渐减小的过程。不同的经济体之间通过学习与模仿，导致其差异逐渐减少。

从估算的农业水资源利用效率来看，各县域尺度的农业水资源利用效率差异是逐渐减小的，从侧面反映水资源利用效率值逐步趋同。为了更进一步探讨农业水资源利用效率变化的差异状况，本书以传统 DEA 估算出的水资源利用效率结果作为样本，对其进行趋同性检验。随着研究的进展，对于趋同假设可以主要分为三种，即绝对趋同、条件趋同和俱乐部趋同。绝对趋同又包括两种，也就是 σ 趋同和 β 趋同两种，σ 趋同是指不同的决策单元之间的差额随着时间会逐渐减小，β 趋同则是指经济单位静态指标发展速度与初始水平呈负相关关系,也就是无论一个经济体自身结构特征如何,各经济单元之间的静态指标差异随时间缩小。条件趋同,同时也被称为 β 条件趋同,指的是只有结构相似的经济单元之间的静态指标差异才会随时间而逐渐缩小。

5.2.4.1 绝对 σ 趋同

具体到函数形式, σ 趋同的函数形式表达如下:

$$\gamma = \sigma_1 + \sigma_2 t + \varepsilon \qquad (5-29)$$

其中 γ 为农业水资源利用效率的变异系数, t 为时间, σ_1、σ_2 为系数, ε 为误差项。在估算过程中,如果 σ_2 为负,就说明随着时间的推移农业水资源利用效率之间的差距逐步缩小,也就是说存在 σ 趋同。

表 5-5 区县农业水资源利用效率的 σ 趋同

Table 5-5 σ Covergence test of regional water use efficiency

因变量	系数	标准误	t	p
σ_1	30.86	21.6548	1.42	0.197
σ_2	-0.0152	0.0108	-1.41	0.192
R^2	0.1988			

注:*、**、***分别表示的为 10%、5% 和 1% 的显著性水平。

回归结果显示(表 5-5),农业水资源利用效率 σ_2 的系数为负,但是不显著,无法判断是否存在 σ 趋同,也就是说,在不考虑其他因素的前提下,很难判别出县域尺度的农业水资源利用效率差距随着时间变化的具体趋势,也不能说明区县是否存在 σ 趋同或发散趋势。

5.2.4.2 绝对 β 趋同

通过比对相关的设置条件与研究,可以看出,绝对 β 趋同是 σ 趋同的必要但非充分条件,也就是说即使不存在 σ 趋同,也不能推断区县间的农业水资源生产效率不存在绝对 β 趋同。绝对 β 趋同采用的估算函数形式表达如下:

$$\frac{1}{T}(\ln WUE_{it} - \ln WUE_{i0}) = \beta_1 + \beta_2 \ln WUE_{i0} + \varepsilon_{it} \qquad (5-30)$$

其中,T 为水资源估算的年限,WUE_{it} 和 WUE_{i0} 分别表征报告期和基期的农业水资源利用效率,β_1,β_2 为待估参数。存在 β 趋同的表征现象为 β_2 为负。并且经过折算之后可以估算出 $\beta_2 = -(1 - e^{-\mu T})/T$,其中 μ 为趋同速度。

经过结果估算(表 5-6),得出系数 β_2 不仅为负,而且显著,说明研究区的农业水资源利用效率最终将逐渐达到一种稳态,各个研究单元之间的差异会随着时间的推移逐渐减小,并且估算出趋同的速度为 11.49%。

表 5-6　区县农业水资源利用效率的 β 趋同

Table 5-6　β Covergence test of regional water use efficiency

因变量	系数	标准误	t	p
β_1	-0.0071	0.0046	-1.53	0.17
β_2	-0.1083***	0.02131	-5.08	0.001
μ	0.1149			
R^2	0.7867			

注:*、**、*** 分别表示的为 10%、5% 和 1% 的显著性水平。

综合以上比对结果,可以看出,在不考虑任何因素影响的情况下,无法准确辨识出区县间的农业水资源利用效率是否存在 σ 趋同,表征着由于受到资源禀赋与生产资料的限制,各区县的农业水资源利用效率并不一定最终会达到统一稳定水平,但是研究区的农业水资源利用效率最终将逐渐达到一种稳态,各个研究单元之间的差异会随着时间的推移逐渐减小,并且估算出趋同的速度为 11.49%。

5.2.5　基于水资源利用效率的农业节水潜力估算

基于上述县域尺度的农业水资源利用效率,利用传统 DEA 估算结果对农业节水潜力进行估算,通过折算,将农业水资源的最小投入与实际投入之间进行比对,折算公式如下:

$$Ap_i = Water_i * (1 - WUE_i) \tag{5-31}$$

其中,Ap 为农业水资源节水潜力,$Water$ 为农业水资源使用总量,WUE 为水资源利用效率。$1 - WUE_i$ 为 i 区域可能的水资源目标效率区间,该计算区间应该是介于 $[0,1]$ 之间。当农业水资源利用效率为 1 时,可以发现,目标区域的农业水资源调整可能性为 0,也就是说该决策单元已经处于生产前沿面上,无需进行进一步节水。但是当农业水资源利用效率不为 1,也就是 $0 < WUE < 1$ 时,决策单元农业水资源利用效率存在节水空间,也就是说现在的使用方式存在农业水资源的浪费。2012 年,从农业水资源消耗来看,甘州区农业灌溉耗水 7.68 亿立方米,民乐县农业灌溉耗水 3.41 亿立方米,山丹县农业灌溉耗水 1.25 亿立方米,临泽县农业灌溉耗水 3.82 亿立方米,高台县农业灌溉耗水 4.55 亿立方米,肃南县农业灌溉耗水 0.064 亿立方米,金塔县农业灌溉耗水 4.49 亿立方米,肃州区农业灌溉耗水 8.03 亿立方米,经过折算加总后的农业水资源节约总量可以达到 2.76 亿立方米。此外,如果以整个黑河流域农业生产区来看,也就是如果仅以提高农业水资源利用效率为目标的农业发展,当前黑河流域有大约 1.94 亿立方米的水资源节约空间,两种方式估计的农业水资源节水潜力的结果相差 0.82 亿立方米。

5.3 黑河流域农户尺度水资源利用效率

5.3.1 基于截面数据的效率测度模型

本章在农户层面的农业水资源利用效率估算中,主要采取随机前沿分析方法和数据包络分析方法以及超效率 DEA。不过,采用三种估算方式可能会面临着一定的问题,第一是估算出的效率结果可能不具有一致性,第二是对于效率变化的刻画较难。但是,受到调研数据的限制,本章通过修正过的 SFA 和 DEA 模型,对农户尺度的农业水资源利用效率进行分析,并对估算模型进行了必要的修正与调整。

5.3.1.1 随机前沿分析模型

本章主要对随机前沿生产函数(SFA)的设定以及估算形式进行描述。随机前沿生产函数(SFA)是由 Farrel 于 1957 年提出的,主要用于识别产出规模不变以及市场价格不变的情况下,按照既定的要素投入比例,生产一定规模的产品所需要的最小投入与实际投入之间的比值。

依据第 i 个农户的农业投入产出状况估算的随机前沿生产函数公式为:

$$Y_i = f(X_{ij}, W_i, \beta) \exp(\nu_i - \mu_i) \tag{5-32}$$

其中,W_i 为农户使用的水资源量,X_{ij} 为除水资源外的其他农业投入,β 为估计参数,$\nu_i \sim N(0, \sigma_\mu^2)$ 是服从独立正太同分布假设的随机扰动项,其中包含了农业生产中不可控因素,μ_i 是指管理误差项。

本书估算的农业水资源利用效率,就是在既定产出下的既定产出水平下最小的农业水资源投入与实际的农业水资源消耗之间的比值。为了更好的实现模型模拟与推演,对不同投入水平的水资源利用效率进行辨识,本书采取投入导向型的 $C-D$ 生产函数方程形式,估算形式如下。

$$Y_i = K_i \alpha L_i^\beta C_i (1 - \alpha - \beta - \gamma) W_i \gamma \alpha > 0, \beta > 0, \gamma > 0 \tag{5-33}$$

其中,Y_i 为 i 种作物的产出,K_i 为土地投入,L_i 为劳动力投入,C_i 为资本投入,W_i 为水资源投入。对公式两边取对数,可得:

$$\ln Y_i = \beta_0 + \alpha \ln K_i + \beta \ln L_i + (1 - \alpha - \beta - \gamma) \ln C_i + \gamma_w \ln W_i + (\nu_i - \mu_i) \tag{5-34}$$

假设农业产出不发生变化的最小可行的水资源投入量为 $\hat{W}_i$,在该水资源水平下有效状态的产出水平为 $\hat{Y}_i$,则有效的产出水平对应的回归方程为:

$$\ln \hat{Y}_i^W = \beta_0 + \alpha \ln K_i + \beta \ln L_i + (1 - \alpha - \beta - \gamma) \ln C_i + \gamma_w \ln \hat{W}_i + \nu_i \tag{5-35}$$

根据假设,(5-34)式中的产出与(5-35)式中产出相等,可得:

$$\beta_{w} \ln \frac{\hat{W}_{i}}{W} + \mu_{i} = 0 \qquad (5-36)$$

那么农业生产中水资源利用效率估算公式变形为:

$$WUE = \exp(\frac{-\mu_{i}}{\beta_{w}}) \qquad (5-37)$$

由于本章的模型是无法考虑由于时间变化带来影响,所以在此对于生产函数和生产无效率项的假设也相应的缩减为以下几个方面:

第一,C-D 生产函数检验。随机生产函数的形式是选择 C-D 生产函数还是超对数生产函数更加合适?

第二,生产无效率项检验。假设不存在生产无效率项,生产效率所受到的影响就主要来自于随机扰动项的影响。

第三,效率的非随机性检验。如果 μ_{it} 方差等于零,生产效率就是固定的而不是随机的。

第四,外生无效率项的检验。如果不存在外生无效效应,也就是说没有影响水资源利用效率的外生影响,那么本模型的外生影响模型就会出现问题。

5.3.1.2 DEA 模型

基于 DEA 模型对农业水资源利用效率的估算模型,数据结构的不同引起的影响不大。本章估算的农户尺度投入产出效率,也是基于投入型假设基础上,产出既定情况下的最小投入组成前沿面,从而测度其他农户的生产有效程度,这样转化为如下的线性规划问题:

$$WUE = min\theta_{i}$$
$$s.t. \ -Y_{i} + Y\lambda \geq 0$$
$$\theta X_{i} - X\lambda \geq 0$$
$$\sigma X_{i} - X\lambda = 0$$
$$\lambda \geq 0 \quad 0 \leq \sigma \leq 1, i = 1,2,\ldots,N \qquad (5-38)$$

其中，θ_i 表征的是农业水资源利用效率值，λ 是 $N*1$ 维向量，Y_i 为农户产出数据，X_i 为涵盖水资源投入的农户投入。当估算的结果 $\theta_i = 1$ 时，农户处于生产有效前沿面上。

对于农户水资源利用效率的影响因素，本书采用两阶段估计模型估算，设定的模型形式为：

$$WUE_i = \delta_o + \sum_k \delta_k Z_{ki} + \varepsilon_i \qquad (5-39)$$

其中，Z_{ki} 为对农户水资源利用效率起影响作用的因素。

5.3.2 数据来源和统计描述

地处黑河中下游的张掖、酒泉地区是典型的绿洲农业区域，也是开展水权、水价试点工作较早的区域之一，该地区的水资源管理制度的演进也具有典型代表性。因此，本次研究选取该区域作为调研对象，调研过程中，选取若干的县、乡、村为调研对象，在选择过程中具有较强的代表性。通过该研究，旨在为本地区的水资源高效利用提供重要的科技支撑。

本次调研阶段主要包括准备阶段、实施阶段和调研最终分析阶段。2015 年 5—6 月，经过几轮的征集与讨论，笔者与团队成员最终确定了调研问卷，并将调研问卷的内容重点进行厘定。2015 年 7—9 月开始实地调研，调研过程中，得到了黑河中游的相关部门大力支持。此次调研共涉及张掖市和酒泉市的 5 县 1 区，主要有张掖市的甘州区、山丹县、民乐县、临泽县、高台县和酒泉的金塔县，共计有效问卷 121 份（表 5-7）。本次问卷的获取采取随机抽取结合问卷持有者询问方式，保证问卷者在询问过程中对问卷的熟练程度，并将注意事项逐一培训。

表5-7 样本农户分布情况

Table 5-7 The distribution of sampling survey farmers

样本省	样本市	样本县/区	样本乡	样本村	样本户数
甘肃省	张掖	甘州区	花寨	余家城	5
				新城	5
			碱滩	永星	3
				碱滩	3
		山丹县	霍城	刘庄	5
			李桥	东沟	4
			东乐	小寨	4
				大桥	4
		民乐县	新天	李寨	5
				闫户	5
			六坝	六坝	4
				西上坝	6
		临泽县	板桥	板桥	11
				古城	9
			平川	四坝	5
				三二	11
		高台县	新坝	小坝	5
				和平	5
			骆驼城	骆驼城	4
				果树	4
	酒泉	金塔县	中东	官营沟	5
			东坝	烽火坪	5
			金塔	红光	4

数据来源:经由本书作者整理获得。

5.3.2.1　调查点概况

黑河是中国西北地区的第二大内陆河,地处古代丝绸之路和欧亚大陆要地。上游的青海祁连县和甘肃省肃南县主要以牧业为主,中游地区主要包括甘肃省的山丹县、民乐县、甘州区、临泽县、高台县等,主要农业为灌溉农业,而由于独特的气候特点,形成了该地区的绿洲农业种植特点。黑河下游包括甘肃省的金塔县和内蒙古的额济纳旗,该地区也有部分灌溉农业。黑河农业区域(图5-8)主要位于甘肃省境内,包括山丹县、民乐县、甘州区、临泽县、高台县与金塔县等。

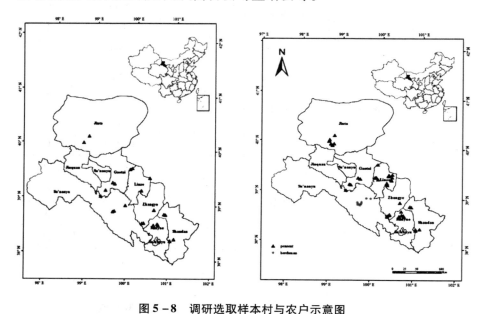

图5-8　调研选取样本村与农户示意图

Figure 5-8　The distribution of sampling survey farmers

2012年黑河农业区域的粮食总产量甘州区最多,可以达到约4亿千克,最少的为肃南裕固族自治县,粮食产量约为2400万千克,二者相差20倍之多。基于此(图5-9),可以看出不同区县的种植状况存在较大的不同。

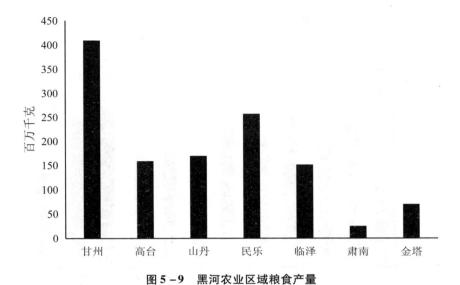

图 5 – 9　黑河农业区域粮食产量

Figure 5 – 9　The annual cereals production in Heihe Agricultural area

5.3.2.2　数据统计描述

本书主要分析的是农户水资源层面投入产出状况,因此,对于收集的数据进行了进一步的分析,得出满足投入产出的农户为 84 户。基于此,本书的分析基于满足分析条件的 84 户农户开展。

(1)农户的年龄以及受教育程度分布状况

调查结果显示,调查样本中 54.66% 为男性,45.34% 为女性。这部分调查人员中,受过初中及以下教育的人员占比 75% ,接受过高中及以上教育的仅占 25% ;从年龄结构来看,30 岁以下的占 40.89% ,31 ~ 60 岁的占 47.57% ,60 岁以上的占 11.54% 。从这些基本情况可以看出,当前该地区农村农民的受教育程度普遍偏低,男女比例基本持平,从年龄结构来看,农民的年龄呈现"两边多,中间少"的态势,也就是说,在调研区域,年龄在 0 ~ 20 岁和超过 40 岁的人口要多于 20 ~ 40 岁的人数,此外,与女性相比(图 5 – 10),农村男性人口中 50 ~ 60 岁的比例要明显高,说明劳动力中农村主要劳动力为超过 40 岁的男性劳动力。

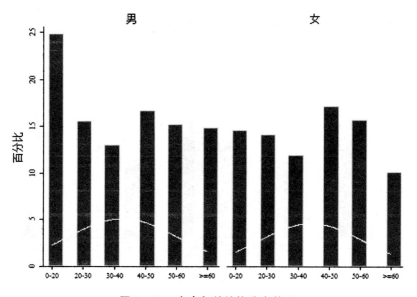

图 5 – 10　农户年龄结构分布状况

Figure 5 – 10　The aging distrcibution of farmers

对农户所受到的教育状况进行进一步分析发现,农户的平均受教育年限为 7 年,也就是初中水平。通过农户受教育年限的男女比例以及年龄分布状况分析,得到农户中男性与女性受教育程度基本持平,男性受到高中以上教育的比例明显低于女性。同样,接受教育水平较高的人群为 20 ~ 40 岁,农业人口中这部分接受高中以上教育的比例要明显高于40 岁以上人群。

(2)农户家庭收入状况

农户的收入状况显示(表 5 – 8),目前,农户家庭的收入多来源于农业种植收入,获取的来自国家的补助部分较少,而且这部分获取的补助主要用来改善农户本身的家庭生活条件,用于农户再生产比例较少。此外,外出打工的收入比例也较小,一般的农户采取农忙时间务农,农闲时间进城务工。

表 5 − 8   农户家庭收入状况

Table 5 − 8   The income situation of farmers

名称	均值	标准误	最小值	最大值
家庭收入	14232	5587	2000	1000000
是否在外打工(1 = 是,2 = 否)	1.37	0.77	1	2
是否有政府补贴(0 = 是,1 = 否)	0.89	0.32	0	1

农户种植状况中(图 5 − 11),由于自然条件禀赋的差异,导致农户的粮食产量状况有较为明显的差异。农户的粮食产值最小为 800 斤/亩,最大为 2400 斤/亩,大部分农户的产量处于 1600 斤/亩左右。对粮食产量做正态分布图与正太检验,得出其呈正太分布。

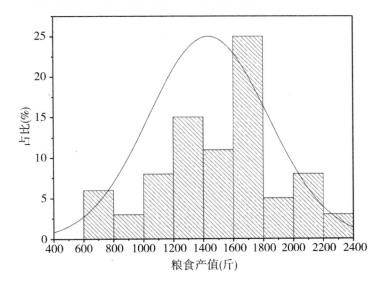

图 5 − 11   粮食产值正太分布图

Figure 5 − 11   Normal distribution of cereals production

表 5 − 9   粮食产值正太分布检验

变量	Pr(Skewness)	Pr(Kuryosis)	adj chi2(2)	Prob > chi2
粮食产值	0.6272	0.4388	0.71	0.7021

（3）农户家庭种植规模状况

从农户的种植规模来看,农户本身的种植规模偏小。此外,由于当地的社会经济发展,又有一部分土地受到挤压,发生了土地转移。调研过程中,也对通过土地流转形成的种植大户进行调研。调研显示,种植大户的比例目前还比较低,且这部分种植大户一般为40岁左右村民。

（4）农户水资源消耗状况

农户的水资源消耗状况一般是与农民的土地面积直接关联(图5-12)。此外,一些地形因素也对农户的水资源需求有较大影响,例如土地较为平坦、生产条件较好的土地对水资源需求少,相应的灌溉次数也会降低。反而,生产条件较为恶劣的区域需要的水资源量较多。

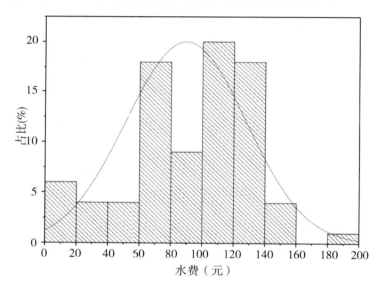

图 5 - 12　农户水资源投入正太分布图

Figure 5 - 12　Normal distribution of household investments of water resources

表 5 - 10　农户水资源投入正太分布检验

变量	Pr(Skewness)	Pr(Kuryosis)	adj chi2(2)	Prob > chi2
粮食产值	0.1024	0.8704	2.78	0.2488

5.3.2.3 研究方法与理论假设

农业生产一直是影响人类生活、生存与发展的重要支柱产业,诸多因素影响并制约着农业生产活动。作为限制农业发展的重要因素,随着国家城镇化的加速,特别是工业、生态用水比重的增加,农业水资源面临的挑战与约束也对进一步提高水资源利用效率提出了要求。农业水资源利用效率的研究一直是学术研究的热点,而不同的学者对于水资源利用效率的计算也存在较大差异。水资源利用效率作为衡量水资源投入与产出的指标,其一般化的指标表达式为:

$$WUE = \frac{Y}{ET} \qquad\qquad (5-40)$$

其中,Y 一般用来表征实际粮食产量(kg/ha)并且 ET 表征作物实际蒸散发量(m^3/ha)。该种方法可以有效刻画以单位水资源生产的农产品数量,主要在农学、气象学、生态学和水文等自然科学领域运用。该种方法推导出的水资源利用效率只能甄别部分生产要素的总体生产效率状况,但是不同生产要素之间的交互影响关系无法刻画。基于上述这些不足,部分学者使用了经济学意义上的水资源利用效率。水资源利用效率主要是反映两者之间的关系,也就是水资源实际产生的粮食产量与理想的生产状态下的粮食产量之间的差距。识别的结果是既定产出水平下的最大可扩张程度或者是在既定投入水平下的最大产出水平,等于有效投入与实际投入之间的比值。不同学者对农业水资源利用效率的测度进行了研究,不同水资源利用效率水平随着灌溉状况、管理状况以及技术水平的不同而呈现差异。国际上不同国家农业水资源利用效率为差异较大。2014 年,农业水资源利用效率在不同国家的效率为以色列(87%),澳大利亚(80%),法国(73%),美国(54%),埃及(57%),印度(44%)。可以看出,经济发达国家与农业用水效率之间并不存在直接关系,主要与当地的政府对于水资源的态度有直接关系。对中国 31 个省(自治区、直辖市)的水资源利用效率指出,空间尺度上,中部地区辨识出的水资源利用效率提升尺度较大,东部沿海省份的提升空间较小。水资源利用效率与

127

人均收入之间存在倒 U 形关系。水资源利用效率不同的主要原因是经济发展水平的不同导致的。其他对中国 31 个省(自治区、直辖市)的研究说明经济发达地区的农业用水效率较高,农业生产水资源在总水资源消耗中所占的比重以及万元 GDP 水资源利用效率与水资源利用效率之间呈现正向相关关系。而从南北方向来看,则表现为南方地区的农业用水效率略高于北部地区。对农业用水效率的研究也指出,农业用水效率从南到北逐步提升,提升空间也呈现差异性分布,华北地区的农业水资源利用效率提升空间较小,华南地区的提升空间较大,究其原因,与当地的水资源富裕程度相关。

　　黑河流域农业水资源利用效率也有学者进行了研究。从农户层面上,学者对 2006 年的农业水资源利用效率进行测度,发现农户水资源利用效率平均水平仅为 0.32,被调查者存在约 68% 的水资源浪费,不同农户主体之间的水资源利用效率又存在较大差异,可以看出,水资源利用效率较高的农户最大值可以为 89.67%,最小值仅为 5.21%,二者相差16.21 倍。本研究在前人研究的基础上,对黑河流域农业区中的玉米水资源利用效率进行测度,旨在为水资源节约提供科技支持。

5.3.2.4　农业水资源利用效率估算输入数据

　　本书的多种农业水资源利用效率估算方式所需要的投入产出型 Cobb-Douglas 方程估算是在调研样本的基础上进行的。通过中国科学院农业政策研究中心调研团队获得的数据处理与分析,运用于本研究中。本书对调研所得的 Cobb-Douglas 投入产出数据和农户层面的特征数据进行了统计分析(表 5 - 11)。在计算水资源利用效率时,本书除了采取传统的投入指标,包括土地、劳动力、资本外,将水资源消耗指标加入进行偏要素生产效率的测度,产出指标为产量指标。具体的计算指标为农户玉米总产量、农户土地面积、农户劳动力投入费用(包括自家劳动力和雇佣劳动力)、农户投入资本费用(主要包括种子、农药等)、农户水资源费用。

表5-11 投入产出数据基本特征

Table 5-11 The basic features of Input-Output data

变量	平均值	方差	最小值	最大值
土地面积	16.67333	13.27992	3	100
粮食产量	1435.357	397.0537	600	2300
种子费用	79.16238	87.01754	1.3	600
水费	89.52143	38.00136	4.8	180
化肥费用	298.4412	320.576	68.5	2500
除草剂费用	43.2531	36.37004	0	194.17
雇佣劳动力费用	102.8887	139.4468	0	1000

此外,对于投入产出数据的特征进行分析,可以看出农户种子费用、化肥费用和种植面积的分布呈现半正太分布,农户水费、粮食产量以及杀虫剂费用呈现明显的正太分布状态,表征模型估算基础数据较为良好。

5.3.3 农户水资源利用效率差异分析

通过估算模型的估算结果,分析其差异,得出以下结果(图5-13)。

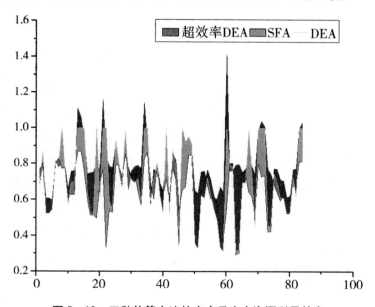

图5-13 三种估算方法的农户尺度水资源利用效率

Figure 5-13 The water use efficiency estimated by three methods

5.3.3.1　SFA 方法估算结果

采用 SFA 估计结果,基于农户实地调研数据,利用计量经济软件,对 C－D 生产函数模型进行估计。估计结果(表 5－12)显示在 1% 的显著性水平下显著,值为 92% 以上,意味着该模型中随机误差项中有 92% 来自于非效率项的影响,8% 来源于统计误差,模型总体拟合度较好。模型的四个投入变量中,水资源与土地资源投入对于产出的影响是显著的。其中,水资源投入每增加 1% 的投入会导致产出增加 0.08%。

表 5－12　随机前沿生产函数估计结果
Table 5－12　The result of stochastic frontier analysis

产量	系数	标准误	P-Value
劳动力	－0.15	0.26	0.56
资本	0.06	0.07	0.38
水资源	0.08*	0.05	0.07
土地	1.01***	0.06	0.00
Constant	8.54	1.70	0.00
Log-likehood	－11.45		

对生产函数形式的检验得出(表 5－13),C-D 生产函数形式与超对数生产函数形式相比,对于 C-D 生产函数形式的检验假设,可以发现没在原假设下 10% 的显著性水平下拒绝,也就是说,本书在生产函数的选择中,C-D 生产函数更加具有优势,C-D 生产函数在农业层面水资源利用效率测算上具有显著优势。究其原因,可能是由于生产函数的超对数生产函数形式各项之间存在严重的共线性。并且,通过对于 C-D 生产函数形式的检验,可以发现,农户层面农业水资源利用效率测度确实存在明显的生产无效和影响效率的随机效应,农业生产的水资源利用效率也会受到外生因素的影响。

表5－13　随机前沿生产函数的假设检验结果

Table 5－13　Hypothesis testing of SFA

检验	原假设	LR	临界值	检验结果
C-D 生产函数形式	$H_0: \beta_{jk} = \beta_{jw} = 0$	34.0425	47.65	接受
生产无效	$H_0: \gamma = \delta_0 = \ldots = \delta_k = 0$	108.235	35.24	拒绝
效率非随机性	$H_0: \gamma = 0$	6.26	4.512	拒绝
外生无效效应	$H_0: \delta_0 = \ldots = \delta_k = 0$	96.65	29.607	拒绝

　　通过农户的生产效率以及水资源利用效率测算表明,当前农户的水资源利用效率都小于1,意味着调研农户的生产效率处于无效率状态,存在一定的提升空间。具体来说,农户的生产效率平均水平为0.73(图5－14),最小的生产效率为0.32,最大的可以达到0.94。

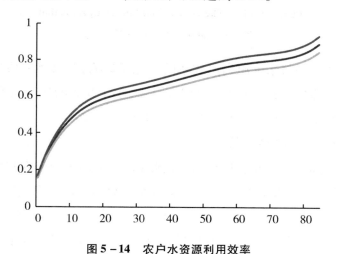

图5－14　农户水资源利用效率

Figure 5－14　The farmer water use efficiency

　　农户水资源利用效率与生产效率相比,明显低于农业生产效率。被调查农户的平均水资源利用效率仅为0.67,也就是说被调查农户在生产中浪费了约33%的水资源。农户水资源利用效率最小的为0.29,最大的为0.87。

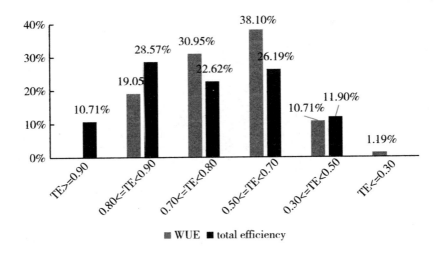

图 5 − 15　水资源利用效率与生产效率差异对比图

Figure 5 − 15　The comparison between production efficiency and water use efficiency

将生产效率与水资源利用效率的对比可以看出(图 5 − 15),生产效率占比大于 0.9 的农户占总体的 10.71%,小于 0.3 的农户为 0%,而水资源利用效率没有达到 0.9 的农户,所在区间偏低。

5.3.3.2　DEA 估计结果

根据估算公式以及农户投入产出数据,对规模不变的农户水资源利用效率进行估算,采用传统 DEA 的估算结果显示,有 17 户农户的农业水资源利用效率效率为 1,也就是说处于生产前沿面上。具体来看,农业水资源最小的农户测算值为 0.311,最大值为 1。如果仅从单个农户的水资源利用效率来看,部分农户的提高空间仍较大。

总样本中(表 5 − 14),有 16.67% 的农户农业水资源利用效率处于 0.9 − 1 的区间,其中,处于生产前沿面上的农户也就是农业水资源利用效率为 1 的农户占比为 10.71%,其余农户的生产就处于无效状态。农户层面最小的农户水资源利用效率为 0.263,也就是说存在约 73.7% 的改进区间,农户水资源利用效率测算的平均值为 0.661。

表 5 – 14 DEA 估算农业水资源利用效率频数分布

Table 5 – 14 The frequency distrcibution of Water Use

Efficiency calculated by DEA model

农业水资源利用效率	样本数量	份额（％）	累计份额（％）
0 – 0.1	0	0.00	0.00
0.1 – 0.2	0	0.00	0.00
0.2 – 0.3	5	5.95	5.95
0.3 – 0.4	2	2.38	8.33
0.4 – 0.5	13	15.48	23.81
0.5 – 0.6	17	20.24	44.05
0.6 – 0.7	13	15.48	59.53
0.7 – 0.8	15	17.86	77.39
0.8 – 0.9	5	5.95	83.34
0.9 – 1	14	16.67	100.00
均值	0.661		
最小值	0.263		
最大值	1		

5.3.3.3 超效率 DEA 估计结果

采用超效率 DEA 估算结果显示（表 5 – 15），效率超过 1 的农户有 8 户，效率为 1 的农户有 1 户，估算的最小值为 0.35。

表 5 – 15 超效率 DEA 估算农业水资源利用效率频数分布

Table 5 – 15 The frequency distrcibution of Water Use Efficiency calculated

by supper-efficiency DEA model

农业水资源利用效率	样本数量	份额（％）	累计份额（％）
0 – 0.1	0	0.00	0.00
0.1 – 0.2	0	0.00	0.00
0.2 – 0.3	0	0.00	0.00
0.3 – 0.4	1	1.19	1.19
0.4 – 0.5	0	0.00	1.19

续表

农业水资源利用效率	样本数量	份额(%)	累计份额(%)
0.5 - 0.6	6	7.14	8.33
0.6 - 0.7	23	27.38	35.71
0.7 - 0.8	28	33.33	69.04
0.8 - 0.9	10	11.90	80.94
0.9 - 1	7	8.33	89.27
>1	8	9.52	100.00
均值	均值	0.7759	
最小值	最小值	0.347	
最大值	最大值	1.4166	

5.3.3.4　三种方法结果比对

（1）三种估计方法的统计描述

对三种估计方式进行初步判读,可以发现,估算结果中(图5-16),超效率 DEA 的估算均值结果 > 传统 DEA 均值 > SFA 均值。

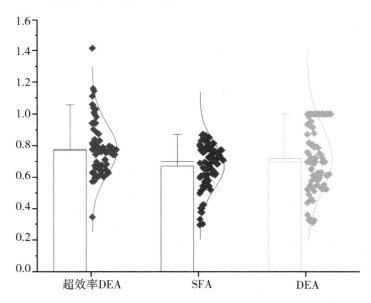

图5-16　三种估算结果的正太分布对比图

Figure 5-16　Normal distribution of estimation results based on three methods

为进行进一步分析,通过对三者的农业水资源利用效率进行两两之间的对比发现,基于传统 DEA 估算的结果要低于 SFA 估算的农业水资源利用效率。可以看出(图 5 - 17),两种估算方式的差值居于零以下的农户样本量较大。

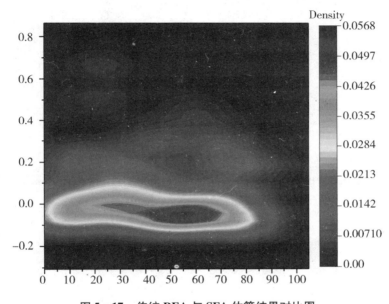

图 5 - 17　传统 DEA 与 SFA 估算结果对比图

Figure 5 - 17　The comparison between results of traditional DEA model and SFA model

基于超效率 DEA 估算的结果与 SFA 估算结果对比,可以看出(图 5 - 18),基于超效率 DEA 估算的结果呈现较大态势。

基于超效率 DEA 估算的结果与传统 DEA 估算的结果对比,可以看出(图 5 - 19),传统 DEA 估算结果与超效率 DEA 结果之间差异主要体现在最大值之间,通过分布密度图,处于零值上下的农户样本表现为持平,但是与其他估计图形相异之处主要体现于其差异最大值可以达到 0.5 左右,也就是说,在传统 DEA 估算的过程中,即使达到前沿面,也未对农业水资源利用效率进行较好的估算。

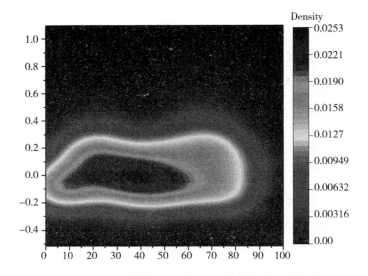

图 5 - 18　超效率 DEA 与 SFA 估算结果对比图

Figure 5 - 18　The comparison between results of supper-efficiency DEA model and SFA model

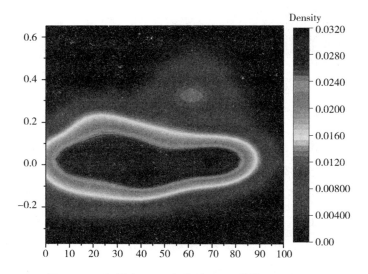

图 5 - 19　超效率 DEA 与传统 DEA 估算结果对比图

Figure 5 - 19　The comparison between results of supper-efficiency DEA model and traditional DEA model

（2）三种估计方法的配对样本 t 检验

利用计量经济学软件对 SFA 和 DEA 以及超效率 DEA 估算的农业水资源利用效率进行配对样本 t 检验（表 5 - 16）。

配对样本检验结果显示，农户尺度的水资源利用效率估算结果中，超效率 DEA 的结果在 10% 显著性水平下大于传统 DEA 估算结果。

表 5 - 16　农户农业水资源利用效率超效率 DEA 与传统 DEA 结果配对 t 检验
Table 5 - 16　Paired t test of supper-efficiency DEA model and traditional DEA model

变量	均值	标准误	95% Conf. Interval	
超效率农业水资源利用效率	0.7759	0.0176	0.7409	0.8109
传统农业水资源利用效率	0.6609	0.02276	0.6157	0.7062
diff	0.1150*	0.01377	0.0876	0.1424
t 值	8.3550			

农户层面的超效率 DEA 估计结果也显著大于 SFA 估算结果，配对样本 t 检验显示显著性水平在 1% 水平显著。

表 5 - 17　农户农业水资源利用效率超效率 DEA 与 SFA 结果配对 t 检验
Table 5 - 17　Paired t test of supper - efficiency DEA model and SFA model

变量	均值	标准误	95% Conf. Interval	
超效率农业水资源利用效率	0.7759	0.0176	0.7409	0.8109
SFA 农业水资源利用效率	0.6713	0.0156	0.6403	0.7024
diff	0.1045	0.01977	0.00653	0.1439
t 值	8.3550			

农户层面的 SFA 估算结果与 DEA 估算结果配对样本 t 检验显示各种情况均不显著，因此，无法判断二者估算出结果状况。

表 5 - 18　农户农业水资源利用效率 SFA 与传统 DEA 结果配对 t 检验

Table 5 - 18　Paired t test of SFA model and traditional DEA model

变量	均值	标准误	95% Conf. Interval	
SFA 农业水资源利用效率	0.6713	0.0156	0.6403	0.7024
传统农业水资源利用效率	0.6609	0.0228	0.6157	0.7062
diff	0.0104	0.01479	− 0.0190	0.3981
t 值	0.7091			

（3）三种估计方法估计结果排序的一致性

基于上述的估算,虽然三种方法估计结果之间的差别不是很大,但是三者之间是存在显著差别的。为此,进一步对估算结果进行了 Person 相关矩阵分析,可以通过该矩阵反映两种估计结果之间的相关关系。可以得到,Person 相关系数大于零,且传统 DEA 估算出来的与其他两种方式的相关性较强,也就是说结果的一致性较强,但是超效率 DEA 和 SFA 估计出的结果相关性较差。

表 5 - 19　三种农业水资源利用效率估算方法的 Person 检验

Table 5 - 19　Person test of the results based on supper-efficiency

DEA model, traditional DEA model and SFA model

	超效率 DEA	传统 DEA	SFA
超效率 DEA	1		
传统 DEA	0.7967	1	
SFA	0.2941	0.7638	1

5.4　本章小结

农业水资源是关系到农业长期发展潜力的重要生产资料,水资源利

用效率的高低更是与农业的生产切实相关的因素。农业是最容易受到气
候变化影响的产业,这一影响主要是通过对水资源影响从而产生变化。
全球气候变化的趋势正逐渐影响着农作物的生长与生产。在全球气候变
暖的大背景下中国的农业生产正面临着巨大的挑战。本章主要对区县和
农户尺度的农业水资源利用效率现状进行分析。区县尺度农业水资源利
用效率分析过程中采取对比的形式,即通过两种测算的方式,一种为传统
DEA 测算方式,另一种为超效率 DEA 估算。测算的农业水资源利用效
率 2012 年平均值为 0.91。如果仅以提高农业水资源利用效率为目标的
农业发展,当前黑河流域有大约 1.94 亿立方米的水资源节约空间。农户
尺度的水资源利用效率则利用三种估算方法进行估算,分别为超效率
DEA、传统 DEA 和 SFA 分析。对三者的结果进行分析发现,SFA 估算结
果的排名与超效率 DEA 以及传统 DEA 估算结果有显著的差别。

6 黑河流域农业水资源利用效率影响因素分析

6.1 农业水资源利用效率影响因素理论分析

水资源利用效率提升是指在既定的投入与水资源要素配置的状况下,实现水资源的效率提升的过程。水资源利用效率的影响因素很多,地区和行业差异会导致水资源利用效率的不同。对中国 31 个省(自治区、直辖市)的水资源利用效率测算研究指出,中部地区的水资源利用效率最低,东部地区的水资源利用效率最高,水资源利用效率与人均收入之间呈现出倒 U 形关系(张伟丽等,2011)。有研究也指出,水资源利用效率不同的主要是经济发展水平的不同导致的。其他对中国 31 个省(自治区、直辖市)的相关研究说明经济发达地区的农业用水效率较高,农业生产水资源在总水资源消耗中所占的比重以及万元 GDP 水资源利用效率与水资源利用效率之间呈现正向相关关系(Moss, et al. ,2010)。而从南北方向来看,表现为南方地区的农业用水效率略高于北部地区。对农业用水效率的研究也指出,华北地区的农业水资源利用效率最高,华南地区效率最低(刘信刚,2012)。行业间的差异性对水资源利用效率的影响主要体现在不同行业对水资源的需求以及用水效率存在较大的差异。交通设备制造业的水资源边际生产力为 26.8 元/吨,而发电行业的水资源生产率仅仅为 0.05 元/吨。

此外,价格也是水资源利用效率的重要影响因素,水价的变动会影响水资源的需求与供给,从而影响水资源利用效率(贾绍凤等,2000)。而水价作为调控水资源分配的重要手段,在水资源供需中扮演重要角色。水价对水资源利用效率的影响主要通过不同水价对于水资源的供需调整并改变水资源弹性,相关研究也明确指出产业用水的价格弹性为 -1.03,说明可以通过提高水价的方式来提高水资源的利用效率。农业水资源的研究说明提高灌溉水资源用水价格会增加整个社会、经济、生态中的水资源利用效率,但是影响与作用方向可能存在差异。

技术进步是影响水资源利用效率的关键影响因素(袁宝招等,2007)。但是对于技术效率的测度目前还未有比较权威的指标。部分研究采用人均教育水平对技术水平进行研究,但是该指标表征的概念为教育水平或者说是人力资本的概念,其中表征的技术进步不能显示。其他研究也指出,技术效率不高是水资源利用效率较低的主要制约因素。

具体落实到农业水资源影响因素层面,涉及的因素众多,国内外相关研究也较为丰富。对影响因素的刻画也从不同层面展开,从自然、社会和经济层面来看,影响因素中自然因素囊括年降水量、气温状况、主要作物播种面积、水资源量等,经济因素囊括农业产值、主要作物产值占比,社会因素则囊括了人均教育支出、农村劳动力,此外还有一些政策及设施原因,主要囊括政府财政支出、流域节水技术投资、机井数量等。此外,从县域尺度的影响因素识别则主要从不同要素的价格指数、农田水利灌溉设施、作物种植结构、农业用水获取能力、经济发展特征和自然条件等;农户层面的水资源利用效率囊括户主年龄状况、受教育年限、农业劳动力数量、总收入状况、种植面积、水费等。

农业水资源利用效率的研究始于 20 世纪中叶,联合国不同部门针对水资源问题设立了专门的研究机构。农业水资源利用效率方面也有不同的学者进行了尝试。比如,研究表明中国 31 个省(自治区、直辖市)的农业水资源利用效率结果差异较大,1999—2010 年之间万元 GDP 用水量大于 1000 立方米的区域大多数位于西部地区,小于 200m³ 的区域大部分位于东部地区(罗永忠等,2011)。对长江—黄河流域灌区的研究指出中国的湖南和江苏灌区 2005—2012 年平均灌溉效率仅 0.60(陈晓玲,连玉君,2013)。农业用水效率影响因素较多,在不同地区也存在一定差别。从宏观层面来说,产业结构作为影响农业用水的重要因素,其第一产业、第二产业、第三产业的占比(Valta, et al. ,2015)直接影响着水资源总量的分配状况。进出口需求以及地区水资源禀赋(Duraiappah, et al. ,2005)、渠水使用比例、水价和节水灌溉技术(Binet, et al. ,2014)以及用水协会(Li, et al. ,2015)等对灌溉用水效率有显著的影响。从农户层面来说,农户年龄、农业劳动力、灌溉面积、农业收入占总收入的比重、对水资源紧张的认识程度、用水成本、灌溉水来源、是否采取节水技术等都会影响农业用水效率(Fischer, et al. ,2014;Abu-Allaban, et al. ,2015)。此外,一些国家或者政府的推动政策对水资源利用效率的研究起到至关重要的影响作用。

在前人研究的基础上,本书对影响因素进行了一定的识别。影响因素需要满足以下条件。

(1)数据的可获取性。数据的支撑是影响因素设定的首要原则,厘定基于计量经济学模型设定的基础是基于数据的可获取性原则基础上的。

(2)可定量化。本书主要基于县域尺度统计进行影响因素设定,获取数据的主要途径为通过当地统计年鉴与相关统计部门,因此,在设定的基础上也将考虑数据的可定量化。

(3)相关性。在因素的设定上,应该是对农业水资源利用效率有一定相关性的,如果因素不能完备地解释因果关系,将被剔除。

(4)资料数据的一致性。数据的一致性应该包括在时空尺度和年份尺度上的一致性。时空尺度表征指标的一致性指对水资源利用效率的影响因素应该是基于县域尺度,如果是基于栅格尺度数据,将进行进一步的空间叠置,实现数据在县域尺度的一致。时间尺度表征指标一致是在研究时间段内所涵盖影响因素应该具有完备信息,以便进行分析。

(5)完备性。在影响因素的设定中,考虑中将从多方位出发,对社会经济因子进行多维多源全方位辨识,甄选适合农业水资源利用效率的影响因素。

在农业水资源利用效率变动研究机制中,影响因素问题一直是研究的热点。影响因素是指对引致农业水资源利用效率发生变动的主要自然机制因素与社会经济机制因素。同样,厘清农业水资源利用效率因素的制约因素也是诸多学者一直进行的工作(曹建民,王金霞,2009;刘亚克等,2011;田杰,姚顺波,2013)。影响农业水资源利用效率的因素包括自然尺度的,如土地土壤粒度、盐分等;社会经济尺度,如农业投入、政策法规影响等。这些因素共同影响着农业水资源利用效率。影响因素的特征主要为综合性、非线性和尺度差异性。

综合性是指农业水资源利用效率受到自然、社会经济等众多影响因素组成的复杂系统的影响。在该复杂系统中,各种影响因素是具有一定功能的有机整体,相互之间也具有一定的影响。在农业水资源要素的确定过程中,通过一定的自然条件假设,来实现对农业水资源利用效率的单独测度。应该说,农业水资源利用效率是自然与社会经济共同影响的结果。

非线性是指在复杂的影响因素系统中,众多的社会、经济、自然条件之间并非简单的线性关系,其相互之间的关系是复杂的。而且各种因素对于农业水资源利用效率的影响处于动态变化之中,可能随着时空与条件的变动发生较为明显的变动。

尺度差异性是指农业水资源影响因素是随着尺度的变化而发生变化的,也就是说,在全球、全国、区域与农户尺度的农业水资源利用效率影响因素差异性较大,可能在国家尺度比较相关的影响因素,如政策制度等,在农户尺度对水资源利用效率起到的作用就不是十分明显,此时,城镇化率的影响可能比较显著。

此外,农业水利用效率的影响因素也需满足以下两个遴选条件:第一,通过文献查找法,选取当前文献研究中普遍采取的指标;第二,包含的指标不包括计算 DEA 中的投入指标,但是为对指标进行处理后的变化率指标。本研究初步遴选的影响因素指标,数据来源于中国科学院地理科学与资源研究所农业政策研究中心。

6.1.1 影响因素数据来源及处理

由于农业水资源利用效率的影响因素的自然方面变化较慢,而且自然因素在县域尺度上的数据支持较少,本书主要关注农业水资源利用效率的社会经济层面影响因素,厘定的关键影响因素主要从社会、经济和自然三个维度上进行辨识,在指标的选取方面结合数据的科学性与可获取性进行选择。为正确识别影响因素,本书对影响因素与农业水资源利用效率之间的关系进行了 Person 相关性检验,主要通过相关系数法进行。

Person 相关系数是用来衡量两个数据集之间是否在一条线上面,用来衡量两个变量之间关系以及作用大小的系数。相关系数是介于 −1 到 1 区间之内,一般来说,相关系数的绝对值越大,二者之间的相关性越强,相反,二者之间相关性越弱,当相关系数为 0 时,二者之间不存在相互关系。其计算公式如下。

$$\gamma = \frac{N \sum x_i y_i - \sum x_i \sum y_i}{\sqrt{N \sum x_i^2 - \left(\sum x_i\right)^2} \sqrt{N \sum y_i^2 - \left(\sum y_i\right)^2}} \qquad (6-1)$$

通过相关系数分析,可以得出,不同区县对于变量的相关系数存在一定的差别,从甘州区来看,农业水资源利用效率与农户人均纯收入和当地的 GDP 的 Person 系数较高;肃南裕固族自治县农业水资源利用效率与第一产业、第二产业、第三产业占比,小麦、玉米和其他农作物面积,成灾面积与有效灌溉面积有较为强烈的相互关系。因此,基于相关系数与前人研究基础上,本书设立的影响因素涵盖三个维度,即经济维度、社会维度和自然维度。其中,经济维度指标包括表征产业占比和结构的指标,包括黑河农业区第一产业、第二产业和第三产业占比状况。社会维度主要包括农村农业人均纯收入和农业固定资产投资变化率。自然维度则主要考虑表征土地种植结构的指标,主要包括小麦、玉米和其他农作物面积,成灾面积与有效灌溉面积。

地区生产总值为区县尺度的第一产业、第二产业和第三产业生产总值之和,对第一产业、第二产业和第三产业的生产与服务提供状况进行描述。

第一产业占比为第一产业占 GDP 的比重,第一产业中主要涵盖的产业部类为对生产补充物质资料的产业,其中农业生产是主要的第一产业生产活动。

第二产业占比为第二产业占 GDP 比重,第二产业中主要涵盖的产业为制造业、采掘业、建筑业和公共工程、上下水道、煤气、卫生部门等,对水资源的需求主要体现为工业用水。

第三产业占比为第三产业占 GDP 比重,第三产业中主要涵盖的产业为商业、金融、保险、不动产业、服务业及其他为物质生产部门,该产业对水资源消耗同样是对农业产业用水呈现竞争关系。

农村人均纯收入为农户的收入状况,表征农民可能在农业水资源投资最大可能性。

农业固定资产变化率为从事农业生产的固定资产投资变动情况,主要是对农业生产过程中的生产累计进展与发展状况进行完备地描述。

土地种植结构中,主要划分了小麦、玉米和其他作物需水,是与当地的实际情况链接。黑河农业区主要种植作物为小麦和玉米,而且这两种作物需水量差异性较大。

成灾面积与有效灌溉面积主要影响当年农业用水的土地面积,有效灌溉面积为灌溉过程中主要的水资源消耗量,而成灾面积部分的土地则对水资源需求发生改变。

6.1.2　区县农业水资源利用效率影响模型构建

在影响因素分析过程中由于考虑到农业用水效率的数据所在区间为 0-1,最小二乘回归方法在估计只有 0-1 变量时,可能会出现估算结果有偏或者不一致的情况,为此,本研究采用 Tobit 回归进行影响因素分析。在数据分析之前首先对数据进行归一化处理,去除由于量纲不一致引起的问题。

Tobit 模型最早是由经济学诺贝尔获奖者 James Tobin 于 1958 年提出的,其主体思想是因变量由于受到限制而产生。本书设计的具体模型如下:

$$y_i^* = \beta_0 + \sum_{j=1}^{k} \beta_j x_{ij} + \varepsilon_i \qquad (6-2)$$

$$y_i = \begin{cases} 0, if y_i^* \in (-\infty, 0] \\ y_i^*, if y_i^* \in (0,1] \\ 1, if y_i^* \in (1, +\infty) \end{cases} \qquad (6-3)$$

其中,y_i 表征农业水资源利用效率,x_{ij} 为不同影响农业水资源利用效率的影响因素。对黑河农业用水效率影响因素进行归因分析,本研究初步遴选的影响因素指标从三个维度上进行分析,即社会维度、经济维度和自然维度。主要包括玉米面积、小麦面积、其他作物种植面积、农村人均纯收入、有效灌溉面积、成灾面积、地区生产总值、第一产业占比、第二产业占比、第三产业占比、农业人口变化率、固定资产投资变化率等因素。各区县产业结构差异较大。通过对农业区研究得出,各区县的三大产业占地区生产总值的比重存在较大差异。通过 2012 年三大产业的比重对比发现,肃州区农业生产总值占比最小,高台县农业生产总值占比最大。种植作物受地域限制较大。从种植作物来看,临泽区玉米种植面积最大,种植面积最小的区域为山丹县。各区县的固定资产投资变化也呈现出较大差异,其中,变化较大的区县包括高台县、临泽县和肃南县。

6.2　区县水资源利用效率影响因素模型估计与结果解释

6.2.1　县域农业水资源利用效率模型估计

在估算过程中,由于超效率 DEA 估算水资源利用效率有部分决策单元大于 1,因此本书基于两种估算形式对县域尺度的水资源利用效率进行估算,一种为最小二乘回归方法,另一种为 Tobit 回归。对超效率 DEA 估算的区县水资源利用效率结果如下表。

表 6 – 1　超效率 DEA 影响因素估算结果

Table 6 – 1　The estimation results of the influence factors

based on super – efficiency DEA model

变量	系数	标准误	95% 的置信区间	
玉米种植面积	-0.28^{**} (-1.99)	0.05	-0.56	0.0003
小麦种植面积	-0.20^{*} (-1.76)	0.03	-0.42	0.03
其他作物种植面积	0.40^{***} (2.51)	0.05	0.08	0.72
农村人均纯收入	-0.01 (-0.41)	0.02	-0.08	0.05
有效灌溉面积	-0.01^{***} (-0.22)	0.02	-0.09	0.07
成灾面积	0.02 (0.61)	0.02	-0.05	0.10
地区 GDP	-0.07^{**} (-1.67)	0.03	-0.16	0.01
第一产业占比	-0.02 (-0.62)	0.02	-0.08	0.04

变量	系数	标准误	95%的置信区间	
第二产业占比	0.01 (0.31)	0.02	-0.06	0.09
第三产业占比	-0.07* (-1.69)	0.03	-0.15	0.01
Constant	0.73 (27.43)	0.02	0.67	0.78

注:"＊"号代表显著性水平,＊显著性水平为10%,＊＊显著性水平为5%,＊＊＊显著性水平为1%。

农业水资源利用效率是多种影响因素综合作用的结果,各种影响因素可能对某一时间段内的水资源利用效率在时空尺度上影响。各影响因素对水资源利用效率的影响结果估计如下(表6-2),通过分析,可以得到变量估计参数均显著不为0,大部分都在1%的水平显著,而且符号基本与预期一致。

表6-2 黑河DEA农业水资源利用效率驱动因素Tobit回归结果

Table 6-2 Tobit Regression Results on driving factors for water resources efficiency in Heihe agricultural area usage

变量	系数	标准误	95%的置信区间	
玉米种植面积	0.01 (0.14)	0.05	-0.10	0.11
小麦种植面积	0.23*** (8.84)	0.03	0.18	0.28
其他作物种植面积	0.15*** (3.00)	0.05	0.05	0.25
农村人均纯收入	0.08*** (3.62)	0.02	0.03	0.12
有效灌溉面积	-0.07*** (-2.75)	0.02	-0.12	-0.02

变量	系数	标准误	95%的置信区间	
成灾面积	0.06*** (2.68)	0.02	0.02	0.11
地区 GDP	−0.07** (−2.51)	0.03	−0.12	−0.01
第一产业占比	0.05** (2.19)	0.02	0.00	0.10
第二产业占比	−0.02 (−0.77)	0.02	−0.06	0.03
第三产业占比	−0.03 (−0.94)	0.03	−0.08	0.03
固定资产投资变化率	0.02 (0.85)	0.02	−0.02	0.05
Constant	0.79 (48.19)	0.02	0.75	0.82

注:"*"号代表显著性水平,*显著性水平为10%,**显著性水平为5%,***显著性水平为1%。

6.2.2 县域农业水资源利用效率影响因素结果分析

结果表明,两种区县农业水资源利用效率的估算结果都是可信的,但是由于估算出的方式存在较大差异,直接造成的结果就是同样的影响因素可能起到的作用有较大差异。为使得分析的更为完备与透彻,本书仅以传统 DEA 农业水资源利用效率估算结果影响因素的分析为主要结果进行分析。

种植面积对农业用水效率的呈显著正向影响,不管是玉米种植面积、小麦种植面积还是其他作物种植面积,在黑河流域用水效率变化上均为正向关系。除玉米种植面积作用不显著外,其他种植面积均为显著的影响。另外,小麦种植面积对于用水效率的提高最大,这说明中游可以通过进一步增加小麦种植面积来提高农业用水效率。这可能是由于小麦耗水与玉米相比较少,所以小麦种植面积的改善对于用水效率的变化影响较大。农民的人均纯收入对用水效率有显著的正向作用。可能是因为农民人均纯收入的提高能够使得农民改善灌溉机器、设备等农业设施,从而改善农业用水效率。有效灌溉面积对农业用水效率有显著的负向影响。这是由于有效灌溉面积的扩大将会加大水资源的消耗,在当前的技术水平下会降低农业用水效率。成灾面积对农业用水效率对农业用水效率有显著的正向作用,这也进一步说明在现有技术水平下,种植面积的变化会直接影响到农业用水效率的变化。地区生产总值和农业占总生产总值的比重对农业生产效率的提高作用相反,前者为负,后者为正的。可能是由于随着农业地区生产总值的提高,农业在三产中发挥的作用逐步被削弱,农业在用水效率改善方面的正向作用会被减弱,而农业比重的增加会有更多的资金投入回溯到农业中,最终改善设备设施,提高农业用水效率。

黑河农地水资源利用效率的改善可以通过改变农作物种植结构,实现产业结构升级来实现,改变农作物结构,提高小麦种植面积。由于在种植小麦过程中需要的灌溉用水少,可以提高小麦的面积,但是小麦种植面积的红线的确定仍是需要考虑的问题,需要根据中游自身的小麦、玉米以及其他作物的销售价格和单位产值进一步予以确定。实现产业结构升级,最大化发挥农业作用。农业在整体黑河农业区中的作用有待进一步强化,农业在第一产业中发挥作用,为第二产业和第三产业提供必要的支撑与保障作用。

6.3 农户尺度水资源利用效率影响因素

6.3.1 农户水资源利用效率影响因素框架搭建

前人研究表明(Wang, et al. ; Blanke, et al. , 2007; 王金霞等, 2009; 邢相军等, 2010), 识别农业水资源利用效率影响因素需要从多方面考虑, 将农业生产经营方面的影响因素剔除之后, 还包括自然因素, 如气温、降水等自然条件的影响也比较大, 但是由于这些条件比较固定, 根据对已有文献的总结与归纳, 学者认定的农户水资源利用效率影响因素主要包括以下几个方面。

(1)农户耕地面积大小。农户的耕地面积的大小对农业水资源利用效率的高低有重要的影响, 一般来说, 耕地面积越大, 每亩种植所需要的水资源越少。此外, 耕地地块大, 便于使用高效节水灌溉设备, 从而实现水资源利用效率的提高。

(2)农户的收入状况。农户的收入状况是指农户在一年内能够获得到的各种收入的总和。农户收入状况较低的农户一般对于采取新的节水技术会出现一定程度的抵制。

(3)农户受教育年限。农户的受教育年限主要影响了农户本身的对新知识和新技术的了解与熟悉能力。对于农业水资源利用效率较高的新技术一般需要农户进行一段时间的学习, 尤其是在新技术、新知识推广过程中, 需要进行系统的学习。

(4)农户户主年龄和家庭人口状况。一般来说, 年龄越大的户主, 对于新技术采用的可能性较差, 而家庭人口较多的农户则偏向于采取水资源高效利用技术来节约成本, 从而获得更多收入。

(5)农户的非农收入状况。非农就业是指农民在农闲的时候, 在就近地区获取非农收入的一种活动。非农就业获得的非农收入比重越大，农户对于农业种植的关注度就越低，更有甚者，部分农户实现了从农民向农民工的转变，直接将自己的土地通过流转形式转移给土地大户，自己进城务工。

(6)水价因素。水价是对农户水资源使用状况起直接作用的影响因素。当前，我国水资源需求较大的直接原因是水价作为调节杠杆的作用机制发挥不足，甚至部分在江河旁边居住的居民采取免费取水灌溉的方式灌溉，水价的作用对于农业水资源利用效率的提高起主要作用，但是在本文中由于研究的时间段较短，且同一区域的水价因素标准一致，未对水价对于农业水资源利用效率的影响因素进行刻画。

(7)村里的示范户效应。对于新技术或者新事物的推广，一般有比较典型的榜样做出示范带头作用，只要榜样的效益更好，模仿的人就会越来越多，能够起到农业水资源利用效率提高的作用。

此外，对于水资源利用效率研究的相关文献也指出农户信息平台建设、政府参与程度、用水协会组织、劳动力身体状况、劳动力技能、基础设施建设、农业社区文化和组织等因素对于农业水资源利用效率的提高具有明显的影响。

6.3.2 农户水资源利用效率与种植面积之间关系分析

农户的种植面积与农业水资源利用效率之间是什么关系？二者之间是否有最适生产规模的存在？基于以上的问题，本书对农业水资源利用效率与种植面积之间的关系进行分析。通过初步分析，可以看出，农业水资源利用效率与土地种植面积的变化态势基本一致。

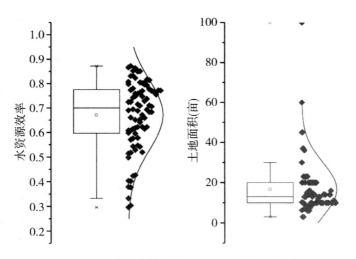

图6-1 农户水资源利用效率与土地面积关系图

Figure 6-1 The relationship between water use efficiency and land areas

可以看出(图6-1),估算出的农业水资源利用效率无论是在分布数量还是分布形态上,与土地种植面积呈现出较大的相关性。

进一步分析,通过 Tobit 模型对分不同等级的农户种植面积进行描述。回归结果显示,农户的年龄水平对农户水资源利用效率呈正向影响关系,即随着农户的年龄的增加,农户的水资源利用效率呈现增加的趋势。

从农户的农地规模来看(表6-3),小规模农户(0-5亩的农户)对水资源利用效率具有正向影响,可能是由于这部分农户由于土地较为稀少,能够进行精耕细作,这部分产出也随之增加。5-10亩和10-20亩农户对水资源利用效率呈负向影响。20亩以上的农户对水资源利用效率呈现正向影响,大规模农户可以采取滴灌等节水技术进行水资源的节约使用。以上研究说明小规模的农户和大规模农户对水资源利用效率的使用具有促进作用,而中等规模的农户具有抑制作用。

表 6 - 3　Tobit 回归影响因素

Table 6 - 3　The influence factors of water use efficiency with Tobit regression

WUE	Coefficent	Std. Err.	P
农户年龄	0.03***	0.02	0.08
从事农业年限	-0.01***	0.01	0.08
农户总收入	-0.04***	0.02	0.02
0-5 亩	0.14	0.11	0.21
5-10 亩	-0.10***	0.06	0.01
10-20 亩	-0.09***	0.07	0.00
20 亩以上	0.05	0.07	0.70
Constant	0.62	0.10	0.00

　　为进一步辨识大规模农户水资源利用效率的最适规模,对农户水资源利用效率与农户的种植规模进行拟合之后可以看出(图 6 - 2),农户的种植规模与水资源利用效率之间呈现倒 U 形关系,即初期,随着种植规模的扩大,农户的水资源利用效率呈现增加的趋势,但是达到一定规模之后,农户的水资源利用效率呈下降趋势,而要达到水资源利用效率最大的顶点,农户的最适规模为 50 亩左右,这与黑河当地地理条件和国家倡导的家庭农场相吻合。

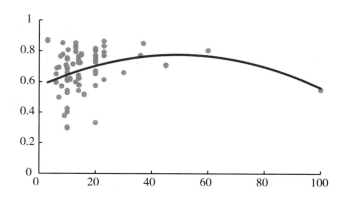

图 6 - 2　农户最适种植规模

Figure 6 - 2　The optimal maize planting area

6.4 农户水资源利用效率影响因素

基于对以上的研究文献梳理及影响因素识别,本书设置了如下影响因素(表6-4),影响方向及预期作用如下。

表6-4 影响因素设定与预期作用方向

Table 6-4 The influence factors and the expected directions

变量名	变量	预期作用方向
农户耕地面积大小	1 = 5 亩以下;2 = 5 - 10 亩;3 = 10 - 20 亩;4 = 20 亩以上	+
农户收入状况	按照实际调研数据获取	+
农户受教育年限	1 = 小学;2 = 初中;3 = 高中;4 = 大学及以上	+
农户户主年龄	1 = 20 岁以下;2 = 20 - 40 岁;3 = 40 - 60 岁;4 = 60 岁以上	−
家庭人口状况	按照调研实际获取数据	+
农户的非农收入状况	1 = 是;2 = 否	−
村里的示范户效应	1 = 是;2 = 否	+

同样,本文对三种效率估算方法估算出的农户尺度农业水资源利用效率进行了影响因素分析,在超效率估算出的农业水资源利用效率主要采用最小二乘回归方式,DEA 和 SFA 估算的结果则采用 Tobit 回归方式进行影响因素识别,识别结果如下(列表格所示)。

表6－5　超效率 DEA 农业水资源利用效率影响因素

Table 6－5　The influence factors of agricultural water efficiency

by super-efficiency DEA model

水资源利用效率	系数	标准误	t	P－value	95% Conf.	Interval
教育水平	0.0235*	0.0214	1.10	0.074	－0.0190	0.0661
户主年龄	－0.0361*	0.0234	－1.55	0.100	－0.0827	0.0104
家庭人口数量	－0.0294	0.0201	－1.46	0.148	－0.0695	0.0107
非农收入	－0.0107	0.0183	－0.59	0.560	－0.0473	0.0258
示范效应	－0.0297*	0.0181	－1.64	0.098	－0.0657	0.0063
从事农业生产年份	0.0488**	0.0231	2.12	0.037	0.0029	0.0948
总收入状况	－0.0234**	0.0186	－1.26	0.013	－0.0604	0.0137
种植面积	－0.0051	0.0178	－0.29	0.774	－0.0407	0.0304
Constant	0.7759	0.0167	46.49	0.000	0.7427	0.8092

注：*、＊＊、＊＊＊分别表示的为10%、5%和1%的显著性水平。

可以通过估算看出(表6－5)，超效率 DEA 估算结果的主要影响因素为户主年龄、村里其他农户的示范效应、从事农业生产年份以及总收入状况等。

表6－6　DEA 农业水资源利用效率影响因素

Table 6－6　The influence factors of agricultural water

efficiency by traditional DEA model

水资源利用效率	系数	标准误	t	P－value	95% Conf.	Interval
教育水平	0.0453*	0.0299	1.52	0.033	－0.0141	0.1048
户主年龄	－0.0246	0.0321	－0.77	0.446	－0.0885	0.0394
家庭人口数量	－0.0210	0.0279	－0.75	0.455	－0.0767	0.0347
非农收入	－0.0053**	0.0253	－0.21	0.034	－0.0557	0.0450
示范效应	－0.0379	0.0249	－1.52	0.134	－0.0876	0.0119
从事农业生产年份	0.0734**	0.0319	2.30	0.024	0.0099	0.1369
总收入状况	－0.0421*	0.0256	－1.65	0.098	－0.0930	0.0087

水资源利用效率	系数	标准误	t	P – value	95% Conf.	Interval
种植面积	0.02382	0.0249	0.95	0.343	– 0.0259	0.0735
Constant	0.6721	0.0231	29.06	0.000	0.6260	0.7181
/sigma	0.2094	0.0176			0.1744	0.2445

注：＊、＊＊、＊＊＊分别表示的为 10%、5% 和 1% 的显著性水平。

得到农户尺度的 DEA 方法估算出的农业水资源利用效率主要受到的影响因素为受教育水平、非农收入、从事农业生产年份、总收入状况。

表 6 – 7　农业水资源影响因素 Tobit 回归结果
Table 6 – 7　The influence factors of water use efficiency with Tobit regression

水资源利用效率	系数	标准误	t	P – value	95% Conf.	Interval
教育水平	0.0265	0.0184	1.4400	0.1540	– 0.0101	0.0631
户主年龄	0.0064	0.0201	0.3200	0.7500	– 0.0336	0.0465
家庭人口数量	0.0021	0.0173	0.1200	0.9050	– 0.0325	0.0366
非农收入	0.0135	0.0158	0.8500	0.3970	– 0.0180	0.0449
示范效应	– 0.0088	0.0156	0.5700	0.5730	– 0.0222	0.0398
从事农业生产年份	– 0.0330	0.0198	1.6600	0.1000	– 0.0065	0.0726
总收入状况	– 0.0212	0.0160	– 1.3200	0.1890	– 0.0531	0.0107
种植面积	0.0284	0.0154	1.8500	0.0690	– 0.0022	0.0590
Constant	0.6713	0.0144	46.7400	0.0000	0.6427	0.6999
/sigma	0.1317	0.0102			0.1114	0.1519

注：＊、＊＊、＊＊＊分别表示的为 10%、5% 和 1% 的显著性水平。

通过对农业水资源利用效率影响因素的进一步估算,可以发现(表 6 – 7),对农业水资源利用效率起影响的因素众多,具体如下。

农户自身的教育水平对农业水资源利用效率呈现正向影响,与初期设想一致。也就是说随着农户接受的教育年限的增长,农户自身对于水资源利用效率提高技术的接受程度也会增加,这样对于农业水资源利用效率的提高呈正向影响。

户主年龄水平对农户水资源利用效率呈现正向影响,这与初期的设想不一致。虽然年轻人对于农业水资源高效利用的知识掌握能力较高,但是随着户主年龄的增长,从事农业生产中,对于农业生产技术更加熟练,也开始更加注重水资源高效利用技术。

家庭人口数量对农业水资源利用效率呈正向影响,与预期设想一致。随着农户家庭人口数量的增加,农户对于水资源利用效率提升,节水灌溉从而节约成本的需求就越强烈。

是否有非农收入对农业水资源利用效率呈负向关系。也就是说,有非农收入的农户与没有非农收入的农户相比,前者对于农业水资源利用效率的关注度更低。从根本上来说,前者对于农业生产的关注度会随着非农收入比重的增加而下降。

是否有农户的示范效应对于农业水资源利用效率呈正向影响。通过其他农户的示范效应,会有更多的农户参与到农业水资源利用效率提升的生产活动中。

农户从事农业生产年限对于农户水资源利用效率呈负向影响。中国传统的灌溉方式是采取大水漫灌的方式,对于水资源稀缺性认识不足,所以农户从事农业时间长短对农户水资源的效率呈负向影响。

农户的家庭总收入对水资源利用效率呈现负向影响。也就是说,随着农户自身家庭总收入的增加,农户对水资源利用效率的关注呈下降趋势。随着农户收入的增加,水资源花费在总收入中的比重下降,农户对水资源利用效率关注较少。

农户的种植面积与农业水资源利用效率呈正向关系。随着农户种植规模增加,农户会更加关注水资源利用效率的提升,也更加想通过改善农业水资源利用效率来降低农业生产成本。

本书通过参数的随机前沿分析方法,采取 Cobb-Douglas 生产函数的形式,估算了黑河水资源利用效率。结果显示,当前黑河流域农户水资源利用效率的平均值为 0.67。可以看出,无论是全部要素生产还是水资源的生产都存在一定的提高空间。尤其是水资源利用效率,仍可以提高约

33%。相关研究指出,黑河流域的实际灌溉量约为 642m³/亩,如仅仅按照水资源利用效率状况进行配比,实际使用的水资源量约为 430.14m³/亩。

本书进一步对影响水资源利用效率的影响因素进行 Tobit 回归,回归结果显示,农户的年龄特征对水资源利用效率呈正向影响,农户的既得知识以及农户的总收入对水资源利用效率呈负向影响。具体从农户的土地规模来看,小于 5 亩和大于 20 亩的农户对水资源利用效率呈正向影响,而处于 5－20 亩中间的农户对水资源利用效率呈现负向影响,这说明农户的规模在水资源利用效率存在最适规模。通过进一步回归发现,农户的水资源利用效率最高的点在 50 亩左右,这与国家发展家庭农场的规模相符合。

本书基于调研获取数据进行分析研究,基于农户的一手数据进行分析。分析过程中对包括水资源、劳动力资源、资本和土地的生产效率进行了测度。在测度过程中未将地下水与地表水的使用状况进行刻画,在农户层面无法进行甄别,但是甄别不同水资源来源的效率对于提高农业水资源利用效率具有重要指导意义。

水资源作为制约干旱半干旱区经济社会发展的重要因素,合理分配其在生产、生活、生态之间的调控比例是实现地区可持续发展的重要途径。干旱半干旱区农业水资源的节约以及水资源利用效率的提高是关系到产业结构转型发展的重要制约因素,对于农业种植结构的调整以及种植面积都具有重要指导意义。虽然从整体黑河灌溉水资源生产效率来看,多年的研究指出其生产效率呈现增长的态势,但是从黑河乃至国家的角度来看,水资源的生产效率仍然较低。如何切实实现不同要素在农户层面的配置,包括化肥、农药等要素使用的不同对水资源利用效率的影响是下一步研究的方向。

6.5 本章小结

在对农业水资源利用效率分析的基础上,本章对区县和农户层面的水资源利用效率影响因素进行计量分析。本研究旨在为干旱半干旱地区的水资源提供科技支持。此外,通过对具有代表性意义的黑河流域农业用水效率的归因分析,研究了在生态脆弱区影响农业发展的关键制约因素。从区县尺度来看,这些制约因素涵盖多方面因素,经济维度指标包括表征产业占比和结构的指标,包括黑河农业区第一产业、第二产业和第三产业占比状况。社会维度主要包括农村农业人均纯收入和农业固定资产投资变化率。自然维度则主要考虑表征土地种植结构的指标,主要包括小麦、玉米和其他农作物面积,成灾面积与有效灌溉面积。水资源的效率提高驱动因素为水资源利用效率的提高与水资源可持续发展提供了可以借鉴的意义。最后,需要注明的是由于数据获取的限制,在影响农业用水效率方面仅仅将农地面积这一自然因素考虑在内,一些重要因素如该地区降水、气温等自然条件,这些因素对于农地水资源利用效率都可能产生影响,但是在本研究中未进行相关界定。在农户尺度,基于研究发现不同规模的农业种植面积对农业水资源利用效率具有影响,为清晰地辨识影响的大小与不同种植规模影响的方向,农户种植面积的不同对于水资源利用效率的影响较大,0-5亩的农户与20亩以上的农户对水资源利用效率重视程度较大,农户的最适宜种植规模为50亩左右。

7 农业水资源利用效率提升对策建议

7.1 构建动态细分水权交易机制

农业水权改革是实现农业水资源高效利用的前提,水权的统一管理将实现对水资源的进一步高效利用。水权管理不仅仅对水资源的一种确权管理,更是对区域经济发展模式的界定,尤其是对于黑河农业区这种干旱半干旱地区,以农业生产为主导的产业结构,水资源禀赋限制是该区域发展的关键。统筹地表水与地下水水权使用。在水权制度确定过程中,在国家层面应当秉承着将国家的法律与用户对水资源的使用权相结合,使水权确实是建立在可以交易的基础之上。此外,对水权的确权并不标志着农业水资源交易机制的建立,厘清水权交易机制,在确定农业用水水权交易的基础上,通过顶层优化设计,包括对水权交易主体、行为、激励与约束机制的推演,通过对水权交易机制的细分,实现农业水权在全链条上的整体完备性与合理性。此外,在水权交易机制的构建过程中还应将动态机制内嵌,对于水权的分配应该根据不同的情景给予不同的参数调整,建立动态水权调整机制。

黑河流域是典型的内陆河流域,涵盖上、中、下游的整体区域。在区域农业水资源的研究中,应将整体研究定位于流域水资源。黑河流域上游为冻土区域,主要是产水区域,中游为绿洲农业耗水区,下游为生态耗水区。因此,对农业水资源的研究首先应将全流域的概念整合进入系统,以上、中、下游整个流域来看,实现流域水资源的综合管理。从水资源利用的角度来看,农业水资源的可持续利用可以转换为流域生态用水、工业用水和生活用水之间的权衡,也就是以流域为目标,实现全流域尺度的水资源可持续利用。在这一过程中,将管理目标设定为满足各种效益最大化的高效水资源利用方式,将整体的流域水资源污染防治、生态环境改善以及区域产业水资源的充分利用等都考虑在水资源决策支持上,实现流域内部社会经济的福利与效益最大化。

7.2 有效推动节水灌溉技术升级换代

农业技术效率的改善极大地依赖于农业基础设施的建设。根据中国水利部的数据,中国的灌溉用水中,用水效率为55%左右,其余的农业水资源由于技术条件的限制,部分被浪费掉,部分成为地下水进入了下一步循环,出现这些问题的根本原因是技术无法达到要求。由于历史条件与种植观念影响,大水漫灌仍然是部分区域的主要灌溉方式,对水资源的浪费也主要集中于这一漫灌过程中。通过国家支撑的信息交流平台搭建,可以为农户提供关于灌溉技术、雨水收集以及高效利用技术、农艺技术等高效技术。在此过程中应该将节水公益、技术设备和产品等运用于农业水资源消耗的工程技术建设中。通过理念更新与技术效果的示范更新,实现在农业用水量不变情况下,提高水资源利用效率,从而最终提升农业单位面积上的农业生产力。

7.3　以完备农业水资源高效利用为目标的补贴体系

2016 年,国家对农业投入了多维度综合补贴。总体来看,农业补贴可以大致分为四类:种养类农业补贴、加工类补贴、流通设施类补贴和基础建设类补贴。其中,种养类农业补贴包括畜禽良种基地补贴、商品粮良种繁育基地补贴、小杂粮良种繁育基地补贴、水产良种繁育基地补贴、蔬菜(食用菌)良种繁育基地补贴、茶叶良种繁育基地补贴、秸秆养畜项目补贴、设施农业类补贴等;加工补贴类补贴主要包括粮食、果蔬、畜产品、油料、水产品、农业高技术产业化项目等方面加工补贴;流通设施类补贴主要为保险类项目补贴和集散地批发市场项目补贴;基本建设类补贴包括中低产田改造补贴、节水灌溉补贴、田间水电路改造补贴、草地建设项目补贴等。这些补贴虽然门类繁多,但是以农业水资源高效利用为目标的补贴体系还未建立。灌溉节水技术体系是从水源到农作物用水 5 大体系的节水灌溉方程函数,主要涵盖水源输送、输配水过程、灌溉水、保水和用水所有节水技术的统称。从水源来看,主要是指地表水、地下水与降水等,使用水资源进行灌溉是对这些水资源的集中利用;输配水过程主要涉及在水源到最终使用水资源端过程中的输送方式;灌溉过程是指在作物生长过程中的多种灌溉方式,包括滴灌、大水漫灌、沟渠灌溉、微灌等;保水节水体系主要涵盖土壤施肥、抗旱等肥料的施加;用水主要是指在水资源使用中的对水资源的节约,包括节约水资源蒸腾作用的措施。农业水资源高效利用的补贴体系应该是集五个过程的多方位立体补贴,这样才能完善以水资源高效利用为最终目标的补贴体系。

7.4　构建适合当地的基层用水管理组织模式

目前,基层尺度的用水管理组织形式主要可以分为用水户协会、个人承包、村集体统管的方式。用水户协会已经实施一段时间,主要由用水户集体组织灌溉的管理,此种方式可以使得用水户均参与到水资源的组织与管理中,有助于提高广大农户节水的积极性,也方便水费以及水资源费的收集,能够减轻用水户的负担,有效提高灌溉质量;个人承包是经过集体授权,由个人进行灌溉的管理,在该方式下用水量多少直接与承包者的利益相挂钩,此种方式不利于田间工程的管理与维护,并且在获得承包权的过程中,容易形成竞争者之间的恶性竞争;村集体统管的方式主要由村级组织部门对水资源进行管理,这种方式对于水资源的组织方式是最为传统的,通过村集体的整体协调与规划,可以发挥集体集中完成工作的能力,但是在该种组织方式下,灌溉水资源使用相当于具有了公共物品的性质,对于灌溉水资源的节约与效率的提高不利,同样,此种组织管理方式下出现了由于集体中个人的小利益,引致更大的损失。因此,基层用水管理的组织模式,应该通过当地的农业生产实践加以总结与凝练,结合地方管理特色,形成"一县一管理模式"的特色水资源管理组织模式。

在农业水资源的可持续利用上,应该整合地区的主要管理部门,包括水利局、林业局以及其他职能部门,开展协同联动,避免对于农户水资源出现多头领导、反馈意见不一致的问题。尤其是在我国城镇化发展以及"一带一路"建设的背景下,水资源从第一产业转移到第二产业和第三产业的状况将时有发生,这更需要县级层面做好水资源的集中管理与资源禀赋整合,在不同灌区之间实现综合平衡发展。

7.5　优化农户农作物种植结构

农户作为农业灌溉用水的最直接决策单元,在对水资源高效利用管理决策过程中应将其纳入其中,搭建"灌区农业管理机构＋基层管理组织＋农户"三级决策的管理决策体系。在该种决策支持形成之后,可以有效解决部分政策由于缺乏实践,导致在实际执行过程中出现脱节的现象。尤为重要的是,农户参与水资源高效利用管理决策可以有效提高农户对于水资源使用与水价形成和水交易平台的了解,从而进一步为农业水资源可持续利用提供支持。

农户的水权交易机制多种多样,水票是比较典型的水权交易凭证,在部分区域实施的试点工作中显示,水票对于农业水资源调控的作用,在初期执行过程中起到非常重要的作用,但是其可持续性受到时间的限制性比较大。因此在农业水权交易机制的搭建过程中,需要考虑该机制的可持续性,尤其是需要将交易机制在优化农户农作物种植结构方面的作用涵盖在内,部分耗水较多、产量较低的农作物可以被那些需水型较少的作物进行优化,尤其是对于干旱半干旱地区,通过水权交易机制来优化农作物种植结构是极为有效的优化方式。

7.6　搭建农业水资源交易机制与平台

2016 年,全国统一水权交易平台成立,首次破解了水资源交易机制障碍。该机制着重解决水资源在市场机制下的重新分配问题,通过组织引导符合条件的用水户经过水行政主管部门认可的水权交易、交易咨询、技术评价、信息发布、中介服务、公共服务等配套措施。该平台的发展目标为建立全国统一的水权交易标准、交易制度、交易系统和风险控制系统；运用市场机制和信息技术来推动跨区域、跨流域、跨行业以及不同用水户间的水权交易；打造符合国情水情的国家级水权交易平台；充分发挥市场在水资源配置中的作用；促进水资源的合理配置，高效利用和有效保护。通过国家层面来构建的水权交易中心能够在一定程度上解决跨区域、跨流域之间的交易问题，但是，涉及流域内部的交易机制与平台需要在省级层面确定，尤其是灌区内部农业水资源用水水权的交易，需要在省级层面进行综合调控，农业水资源交易平台应该是集信息收集与发布、支撑科技和信息服务提供、农户权益申诉与维护于一体的多功能交易平台。

7.7　本章小结

　　基于在区县和农户尺度的农业水资源利用效率影响因素，本章提出了基于不同层面的农业水资源可持续发展建议，构建动态细分水权交易机制，有效推动节水灌溉技术升级换代，完备水资源高效利用为目标的补贴体系，构建适合当地的基层用水管理组织模式，优化农户农作物种植结构，搭建农业水资源交易机制与平台等。通过这些政策与建议，为未来农业水资源的可持续发展提供政策支持。

8　研究结论与展望

8.1　主要研究结论

水资源对于农业生产是至关重要的因素,没有水资源就没有农业发展。随着城市化进程加快以及人口数量的增加,水资源从农业中挤占,来发展第二产业、第三产业的现象时有发生。尤其是在干旱半干旱地区,水资源可以说是一个地区经济发展的表征指标,不同产业、不同行业之间用水的权衡成为一个重点考虑因素。为此,本文从经济管理视角,以区县与农户两个尺度,对农业水资源利用效率进行估算,识别两个尺度农业用水效率关键影响因素,旨在凝练针对多层次水资源可持续发展对策建议,同时识到提高农业水资源利用效率是保障农业生产可持续发展与国家粮食安全的可行路径。本书着重解决了三个问题。

(1)水土资源之间的替代关系如何?水土资源对农业经济增长的作用如何?是阻碍还是促进?这种促进(阻碍)作用有多大?

(2)农业水资源在县域尺度的农业水资源利用效率状况如何?其关键影响因素有哪些?作用强度为多大?

(3)农业水资源利用效率在农户尺度之间的农业水资源利用效率状

况如何？其关键影响因素有哪些？作用强度有多大？

本书在明确农业水资源与水资源利用效率内涵的基础上，对理论基础和国内外研究现状进行梳理，厘定研究区的水资源供需现状以及由于水资源缺乏引致的生产、生活、生态用水之间的权衡关系，基于数据包络法和生产前沿理论，将水资源内嵌进入农业生产过程，对宏观和微观两个层面的农业生产进行了农业水资源利用效率刻画。宏观层面，以2003—2012年黑河农业区6县2区为面板数据和实地调研数据，综合运用多种测算指标与方法，辨识结果全面准确地诠释了农业水资源利用效率在不同区域与农户尺度的差距。此外，基于上述测算结果，本书采用计量经济学模型——Tobit模型，对影响农业水资源利用效率的主要测度指标进行识别，重点考察不同影响因素对农业水资源利用效率的影响程度的大小。主要研究结论概况为以下四个方面。

（1）从水土资源来看，黑河农业区不同区县水土资源对农业发展的作用不同，其中，水资源对农业发展主要呈现为抑制作用，而土地作用为促进作用。

（2）从区县尺度的水资源利用效率来看，当前区县的农业用水效率差异较为显著，其中，农业水资源利用效率较高的区县为民乐县和临泽县，效率较低的为金塔县和肃南裕固族自治县，这主要与当地的产业发展相一致。

（3）区县尺度的农业水资源利用效率影响因素主要从5个方面受到影响，包括农业投资、经济增长、产业结构调整、自然灾害和农业生产/种植结构调整。研究结论表明，提高农业科技投入对提升农业水资源利用效率具有积极效果，固定资产投资变化率提高10%，将提升农业水资源利用效率0.2%，调整作物种植面积，尤其是小麦播种面积，对提高农业用水效率具有积极贡献，小麦面积每增加1%，用水效率将增加0.23%。

（4）农户层面的水资源利用效率主要集中在0.5～0.7区间内，存在超过30%的效率提升空间。如果仅仅从效率层面来看，农户水资源利用效率最优的单个农户种植规模为50亩左右。

根据上述研究结论,本书提出以下几点主要对策建议。构建动态细分水权交易机制;有效推动节水灌溉技术升级换代;完备水资源高效利用为目标的补贴体系;构建适合当地的基层用水管理组织模式;优化农户农作物种植结构;搭建农业水资源交易机制与平台等。通过这些对策,为未来农业水资源的可持续发展提供政策支持。

8.2 本研究创新之处

本研究的创新点主要体现在以下三个方面:(1)研究以厘清黑河流域农业水资源利用效率为目标,集中分析了农业水资源利用效率的关键影响因素,为流域农业发展以及探索可持续发展过程中的农业水资源高效利用提供了科学支撑;(2)研究过程中在 Romar 分析模型的基础上,内嵌了水资源和土地资源等生产要素,核算了空间尺度上水资源、土地资源以及综合作用力的空间分异特征,测度出了农业生产系统中的作用力发挥的影响因素及贡献率;(3)研究系统刻画了县域和农户尺度的水资源利用效率及相应的影响因素,搭建了农业水资源利用效率估算多参数多方程估算方式,探究了干旱半干旱区农业可持续发展的适应性对策与建议。

8.3 未来展望

基于现有研究结果,本书主要在以下方面实现了部分进展:

(1)在理论上,目前对于水资源利用效率的测度,多基于自然生产过程,一种是以作物生产的蒸散发(ET)与作物的产值做比值测算农业水资源利用效率,另一种是以农业水资源消耗量与农业作物产值比值测算,这两种方法仅仅测度了单一指标的农业水资源利用效率,农业的生产应该是多种投入要素综合作用的结果,单要素指标的测度仅仅能体现水资源投入与农业作物产出之间的一种比例关系,而且指标选择的"量纲"对于最终结果的影响随意性较大。本书采取经过折算的"农业水资源利用效率"指标,将量纲指标内置,剔除由于不统一造成的影响,对水资源的长期影响与作用以及与不同要素之间的合理交互作用进行了分析。本文测度方法在实际生产与资源优化配置中,更好厘定农业水资源高效利用的改进空间。

(2)在内容上,本书基于2003—2012年黑河农业区6县2区面板数据与农户调研数据,分别从宏观与微观层面对农业水资源利用效率进行系统辨识,探析水土资源之间的替代弹性,并对农业水资源利用效率进行探索,突破了以往对于水资源方面的限制。最终本书就提高农业水资源利用效率提供了理论与实践操作可能性。

(3)在方法上,本书的影响因素从多方面进行探析,包括农业基础建设、种植面积改变等,同样,影响因素也克服简单的回归分析,利用 Tobit 模型对模型中影响因素进行辨识,使得到的结果更加符合实际情况。

在农业水资源利用效率影响因素的测度中,从宏观与微观两个层面进行辨识。首先,从宏观层面,由于农业水资源价格数据的缺失,导致在估算影响因素方面,无法将农业水资源价格对水资源利用效率的影响进行刻画。其次,在农户尺度,由于测度是基于调研数据测度,主要是对农户上一年的农业生产销售行为端的刻画,获取的农业水价仅仅为一年数据,对农业水资源利用效率影响因素的刻画中,无法确切地予以辨识。基于此,本书未对水价这一变量对农业水资源利用效率可能对农业水资源利用效率提高起到的作用进行识别。因此,通过加强对宏微观农户尺度统计资料的收集,搭建完备长时间序列的数据库,将使得本书研究结果更加可信,提高本书的现实指导意义。此外,部分影响农业水资源利用效率的因素,例如政策因素、坡度、土壤密度等因素是未来进一步识别的方向。

　　本书主要识别了在农业生产过程中的水资源利用效率,并未辨识非农业利用部门的水资源利用效率。黑河农业区域中除了农业以外,还有部分水资源用于工业、生活和生态消耗。水资源利用效率的提高以及节水型社会的建设依赖于所有产业水资源利用效率的提高,也就是针对水资源进行包括技术、管理等方面的水资源利用效率提高为目标的研究。工业用水一般来说产生的经济效益较高,如果将农业部门的水资源与工业部门之间实现了相互交互,可以以农业部门转出的部分水资源进入工业部门生产中,这样不仅能够权衡两个部门之间的水资源使用,更能使得农业部门由于水资源稀缺而采取提高或者改善农业水资源利用效率的技术。因此,基于水资源利用效率与效益之间的非农业部门之间的权衡也是未来研究的方向之一。

　　受到时间与精力的限制,农户水资源利用效率的调研数据主要来源于农业生产聚集地区,对于除该区域外的其他干旱半干旱区的农业水资源利用效率分析将是下一步的研究方向之一。水资源在不同部门与产业之间的分配对农业水资源利用效率起到重要影响,但是受到数据资料的限制,无法考量在农业输送过程中的损失,这部分将在未来研究中逐步予以考虑。

参考文献

一、中文文献

[1]鲍超,贺东梅. 京津冀城市群水资源开发利用的时空特征与政策启示[J]. 地理科学进展,2017(01):58-67.

[2]边文龙,王向楠. 面板数据随机前沿分析的研究综述[J]. 统计研究,2016(06):13-20.

[3]操信春,邵光成,王小军. 中国农业广义水资源利用系数及时空格局分析[J]. 水科学进展,2017(01):14-21.

[4]曹继萍. 基于数据包络分析的资源型城市可持续发展评价研究[D]. 成都理工大学,2009.

[5]曹建民,王金霞. 井灌区农村地下水水位变动:历史趋势及其影响因素研究[J]. 农业技术经济,2009(04):92-98.

[6]曾贤刚,周海林. 全球可持续发展面临的挑战与对策[J]. 中国人口.资源与环境,2012(05):32-39.

[7]茶娜,邬建国,于润冰. 可持续发展研究的学科动向[J]. 生态学报,2013(09):2637-2644.

[8]查淑玲,孙广才. 水资源价值及商品水定价问题的探析[J]. 农业现代化研究,2004(06):455-458.

[9]陈德辉,姚祚训,刘永定. 从生态系统理论探析生态环境的内涵

[J]. 上海环境科学,2000(12):547-549.

[10]陈青青,龙志和,林光平. 中国区域技术效率的随机前沿分析[J]. 数理统计与管理,2011(02):271-278.

[11]陈晓玲,连玉君. 资本—劳动替代弹性与地区经济增长——德拉格兰德维尔假说的检验[J]. 经济学(季刊),2013(01):93-118.

[12]董乐,黄子蔚. 新疆绿洲农业产业化的优劣势分析和发展方向探讨[J]. 干旱区资源与环境,2005(02):29-33.

[13]樊杰,蒋子龙. 面向"未来地球"计划的区域可持续发展系统解决方案研究——对人文—经济地理学发展导向的讨论[J]. 地理科学进展,2015(01):1-9.

[14]范恒山. 我国促进区域协调发展的理论与实践[J]. 经济社会体制比较,2011(06):1-9.

[15]高鹏,刘燕妮. 我国农业可持续发展水平的聚类评价——基于2000—2009年省域面板数据的实证分析[J]. 经济学家,2012(03):59-65.

[16]高鑫,解建仓,汪妮. 基于物元分析与替代市场法的水资源价值量核算研究[J]. 西北农林科技大学学报(自然科学版),2012(05):224-230.

[17]郜亮亮,李栋,刘玉满. 中国奶牛不同养殖模式效率的随机前沿分析——来自7省50县监测数据的证据[J]. 中国农村观察,2015(03):64-73.

[18]郭晓东,陆大道,刘卫东. 节水型社会建设背景下区域节水措施及其节水效果分析——以甘肃省河西地区为例[J]. 干旱区资源与环境,2013(07):1-7.

[19]韩兰英,张强,赵红岩. 甘肃省农业干旱灾害损失特征及其对气候变暖的响应[J]. 中国沙漠,2016(03):767-776.

[20]韩松俊,刘群昌,王少丽. 作物水分敏感指数累积函数的改进及其验证[J]. 农业工程学报,2010(06):83-88.

［21］韩宇平，阮本清．水资源短缺风险经济损失评估研究［J］．水利学报，2007(10)：1253－1257.

［22］黄建平，冉津江，季明霞．中国干旱半干旱区洪涝灾害的初步分析［J］．气象学报，2014(06)：1096－1107.

［23］贾绍凤，康德勇．提高水价对水资源需求的影响分析——以华北地区为例［J］．水科学进展，2000(01)：49－53.

［24］姜文来．水资源价值模型研究［J］．资源科学，1998(01)：37－45.

［25］蒋剑勇．水资源价值模型综述［J］．水利水电科技进展，2005(01)：61－63.

［26］金碚．中国经济发展新常态研究［J］．中国工业经济，2015(01)：5－18.

［27］景星蓉，张健，樊艳妮．生态城市及城市生态系统理论［J］．城市问题，2004(06)：20－23.

［28］赖先齐，王江丽，马玉香．亚欧大陆中心区域水热资源配合状况与绿洲农业适应性研究［J］．干旱区资源与环境，2013(10)：1－7.

［29］李锋，刘旭升，胡聃．城市可持续发展评价方法及其应用［J］．生态学报，2007(11)：4793－4802.

［30］李怀恩，庞敏，肖燕．基于水资源价值的陕西水源区生态补偿量研究［J］．西北大学学报(自然科学版)，2010(01)：149－154.

［31］李金茹，张玉顺．灌区水资源优化配置数学模型研究与应用［J］．中国农村水利水电，2011(07)：66－68.

［32］李静，高继宏．新疆城镇化与绿洲农业产业化协调发展关系的实证研究——基于 VAR 模型的计量分析［J］．华东经济管理，2013(07)：72－78.

［33］李良县，甘泓，汪林．水资源经济价值计算与分析［J］．自然资源学报，2008(03)：494－499.

［34］李明亮，李原园，侯杰．"一带一路"国家水资源特点分析及合作

展望[J].水利规划与设计,2017(01):34－38.

[35]李双杰,王林,范超.统一分布假设的随机前沿分析模型[J].数量经济技术经济研究,2007(04):84－91.

[36]李裕瑞,王婧,刘彦随.中国"四化"协调发展的区域格局及其影响因素[J].地理学报,2014(02):199－212.

[37]李泽红,董锁成.武威绿洲农业开发对民勤绿洲来水量的影响——基于水足迹的视角[J].资源科学,2011(01):86－91.

[38]李泽红,董锁成,李宇.武威绿洲农业水足迹变化及其驱动机制研究[J].自然资源学报,2013(03):410－416.

[39]梁美社,王正中.基于虚拟水战略的农业种植结构优化模型[J].农业工程学报,2010(S1):130－133.

[40]刘信刚.我国工业能源替代弹性和有偏技术进步估计研究[D].西南财经大学,2012.

[41]刘亚克,王金霞,李玉敏.农业节水技术的采用及影响因素[J].自然资源学报,2011(06):932－942.

[42]娄美珍,俞国方.产业生态系统理论及其应用研究[J].当代财经,2009(01):116－122.

[43]罗永忠,成自勇,郭小芹.近40a甘肃省气候生产潜力时空变化特征[J].生态学报,2011(01):221－229.

[44]吕翠美,吴泽宁,胡彩虹.水资源价值理论研究进展与展望[J].长江流域资源与环境,2009(06):545－549.

[45]马海良,黄德春,姚惠泽.中国三大经济区域全要素能源效率研究——基于超效率DEA模型和Malmquist指数[J].中国人口.资源与环境,2011(11):38－43.

[46]梅亮,陈劲,刘洋.创新生态系统:源起、知识演进和理论框架[J].科学学研究,2014(12):1771－1780.

[47]倪红珍.基于绿色核算的水资源价值与价格研究[D].中国水利水电科学研究院,2004.

［48］牛文元．可持续发展理论的内涵认知——纪念联合国里约环发大会20周年［J］．中国人口·资源与环境,2012(05)：9-14.

［49］潘登,任理．分布式水文模型在徒骇马颊河流域灌溉管理中的应用Ⅱ．水分生产函数的建立和灌溉制度的优化［J］．中国农业科学,2012(03)：480-488.

［50］彭晓明,王红瑞,董艳艳．水资源稀缺条件下的水资源价值评价模型及其应用［J］．自然资源学报,2006(04)：670-675.

［51］钱大文,巩杰,贾珍珍．绿洲化—荒漠化土地时空格局变化对比研究——以黑河中游临泽县为例［J］．干旱区研究,2016(01)：80-88.

［52］全炯振．中国农业全要素生产率增长的实证分析:1978—2007年——基于随机前沿分析(SFA)方法［J］．中国农村经济,2009(09)：36-47.

［53］沈琳．我国水资源污染的现状、原因及对策［J］．生态经济,2009(04)：182-185.

［54］石敏俊,王磊,王晓君．黑河分水后张掖市水资源供需格局变化及驱动因素［J］．资源科学,2011(08)：1489-1497.

［55］时元智,崔远来,罗强．基于Kuhn-Tucker条件的灌溉水量优化分配［J］．灌溉排水学报,2012(03)：1-5.

［56］粟晓玲,宋悦,刘俊民．耦合地下水模拟的渠井灌区水资源时空优化配置［J］．农业工程学报,2016(13)：43-51.

［57］孙海燕．区域协调发展机制构建［J］．经济地理,2007(03)：362-365.

［58］孙振领,李后卿．关于知识生态系统的理论研究［J］．图书与情报,2008(05)：22-27.

［59］覃成林．区域协调发展机制体系研究［J］．经济学家,2011(04)：63-70.

［60］谭灏．我国水资源短缺的成因、类型和解决对策［J］．中国科技

信息,2013(06):45.

[61]田杰,姚顺波.退耕还林背景下农业生产技术效率研究——基于陕西省志丹县退耕农户的随机前沿分析[J].统计与信息论坛,2013(09):107-112.

[62]田伟,谭朵朵.中国棉花 TFP 增长率的波动与地区差异分析——基于随机前沿分析方法[J].农业技术经济,2011(05):110-118.

[63]万永坤,董锁成,王隽妮.北京市水土资源对经济增长的阻尼效应研究[J].资源科学,2012(03):475-480.

[64]王金霞.水土资源可持续利用是粮食安全之关键[J].世界环境,2008(04):45-46.

[65]王金霞,李浩,夏军.气候变化条件下水资源短缺的状况及适应性措施:海河流域的模拟分析[J].气候变化研究进展,2008(06):336-341.

[66]王金霞,邢相军,张丽娟.灌溉管理方式的转变及其对作物用水影响的实证[J].地理研究,2011(09):1683-1692.

[67]王金霞,张丽娟.地下水灌溉服务市场对农业用水生产率的影响[J].水利水电科技进展,2009(02):19-22.

[68]王江丽,赖先齐,帕尼古丽·阿汗别克.中亚与新疆绿洲农业的比较[J].干旱区研究,2013(01):182-187.

[69]王明亮,徐猛.新疆兵团绿洲农业应对气候变化的形势与科技需求分析[J].中国人口·资源与环境,2015(S1):584-587.

[70]王如松.复合生态系统理论与可持续发展模式示范研究[J].中国科技奖励,2008(04):21.

[71]王树义,郭少青.资源枯竭型城市可持续发展对策研究[J].中国软科学,2012(01):1-13.

[72]王思斯.基于随机前沿分析的二氧化碳排放效率及影子价格研究[D].南京航空航天大学,2012.

[73]王勇,肖洪浪,邹松兵.基于可计算一般均衡模型的张掖市水资源调控模拟研究[J].自然资源学报,2010(06):959－966.

[74]魏丽丽.城市水资源价值与水价弹性研究[D].东北农业大学,2008.

[75]邬建国,郭晓川,杨稢.什么是可持续性科学?[J].应用生态学报,2014(01):1－11.

[76]吴德胜.数据包络分析若干理论和方法研究[D].中国科学技术大学,2006.

[77]谢先红,崔远来.灌溉水利用效率随尺度变化规律分布式模拟[J].水科学进展,2010(05):681－689.

[78]徐敏.新疆绿洲农业可持续发展的资金供求分析[J].干旱区资源与环境,2012(08):20－24.

[79]徐万林,粟晓玲.基于作物种植结构优化的农业节水潜力分析——以武威市凉州区为例[J].干旱地区农业研究,2010(05):161－165.

[80]邢相军,王金霞,张丽娟.黄河流域灌区的灌溉管理改革进展及影响因素研究[J].安徽农业科学,2010(25):14098－14102.

[81]杨东方,苗振清,徐焕志.地球生态系统的理论创立[J].海洋开发与管理,2013(07):85－89.

[82]杨刚强,张建清,江洪.差别化土地政策促进区域协调发展的机制与对策研究[J].中国软科学,2012(10):185－192.

[83]杨国梁,刘文斌,郑海军.数据包络分析方法(DEA)综述[J].系统工程学报,2013(06):840－860.

[84]杨丽丽,王云霞,谢新民.基于地表水和地下水联合调控的水资源配置模型研究[J].水电能源科学,2010(07):23－26.

[85]姚丽,谷国锋,芦杰.中国经济空间一体化与生态环境耦合格局及区域差异分析[J].世界地理研究,2014(01):111－121.

[86]俞国方,娄美珍.回顾与前瞻:产业生态系统理论研究[J].四

川大学学报(哲学社会科学版),2008(03):92-100.

[87]袁宝招,陆桂华,李原园.水资源需求驱动因素分析[J].水科学进展,2007(03):404-409.

[88]袁群.数据包络分析法应用研究综述[J].经济研究导刊,2009(19):201-203.

[89]张春玲,付意成,臧文斌.浅析中国水资源短缺与贫困关系[J].中国农村水利水电,2013(01):1-4.

[90]张绍良,杨永均,侯湖平.新型生态系统理论及其争议综述[J].生态学报,2016(17):5307-5314.

[91]张伟丽,阚燕.我国水资源短缺评价进展综述[J].吉林水利,2011(07):36-39.

[92]张文爱.能源约束对经济增长的"阻尼效应"研究——以重庆市为例[J].统计与信息论坛,2013(04):53-60.

[93]张旭迎,吕萍,姬少剑.基于因子分析的贵阳经济与环境协调发展研究[Z].中国贵州贵阳20148.

[94]赵晨,王远,谷学明.基于数据包络分析的江苏省水资源利用效率[J].生态学报,2013(05):1636-1644.

[95]赵海莉,梁炳伟,张志强.农户对节水型社会建设的参与意愿研究——以黑河流域张掖市为例[J].开发研究,2015(06):45-49.

[96]赵亮,宁彤,代云开.我国主要产能省份经济与环境协调发展分析[J].河南科学,2009(02):240-244.

[97]赵林林.基于数据包络分析(DEA)的能源与环境效率研究[D].中国科学技术大学,2016.

[98]郑利民,吴玉磊,刘燕凤.黑河中游地区水资源分析[J].西北水电,2015(06):13-16.

[99]周惠成,彭慧,张弛.基于水资源合理利用的多目标农作物种植结构调整与评价[J].农业工程学报,2007(09):45-49.

[100]周连童,黄荣辉.中国西北干旱、半干旱区感热的年代际变化

特征及其与中国夏季降水的关系［J］. 大气科学. 2008（06）: 1276 – 1288.

二、英文文献

［1］Abu-Allaban Mahmoud, El-Naqa Ali, Jaber Mohammed. Water scarcity impact of climate change in semi-arid regions: a case study in Mujib basin, Jordan［J］. *arabian journal of geosciences.* 2015, 8（2）: 951 – 959.

［1］Ashouri Majid. Water Use Efficiency, Irrigation Management and Nitrogen Utilization in Rice Production in the North of Iran［J］. *apcbee procedia.* 2014, 8: 70 – 74.

［103］Azad Md A. S., Ancev Tihomir. Measuring environmental efficiency of agricultural water use: A Luenberger environmental indicator［J］. *journal of environmental management.* 2014, 145: 314 – 320.

［104］Binet Marie – Estelle, Carlevaro Fabrizio, Paul Michel. Estimation of Residential Water Demand with Imperfect Price Perception ［J］. *environmental & resource economics.* 2014, 59（4）: 561 – 581.

［105］Blanke Amelia, Rozelle Scott, Lohmar Bryan. Water saving technology and saving water in China［J］. *Agricultural Water Management.* 2007, 87（2）: 139 – 150.

［106］Cantore V., Lechkar O., Karabulut E. Combined effect of deficit irrigation and strobilurin application on yield, fruit quality and water use efficiency of "cherry" tomato（Solanum lycopersicum L.）［J］. *agricultural water management.* 2016, 167: 53 – 61.

［107］Chen Rui, Cheng Wenhan, Cui Jing. Lateral spacing in drip – irrigated wheat: The effects on soil moisture, yield, and water use efficiency ［J］. *field crops research.* 2015, 179: 52 – 62.

［108］Chen Yanlong, Liu Ting, Tian Xiaohong. Effects of plastic film combined with straw mulch on grain yield and water use efficiency of winter wheat in Loess Plateau[J]. *field crops research*. 2015, 172: 53 –58.

[109]Davis Graham A. The resource drag[J]. *International Economics and Economic Policy*. 2011, 8(2): 155 –176.

[110] Deng Xiangzheng, Huang Jikun, Rozelle Scott. Impact of urbanization on cultivated land changes in China[J]. *Land Use Policy*. 2015, 45: 1 –7.

[111] Deng Xiangzheng, Shi Qingling, Zhang Qian. Impacts of land use and land cover changes on surface energy and water balance in the Heihe River Basin of China, 2000—2010 [J]. *Physics And Chemistry Of The Earth*. 2015, 79 –82: 2 –10.

[112] Deng Xiangzheng, Zhang Fan, Wang Zhan. An Extended Input Output Table Compiled for Analyzing Water Demand and Consumption at County Level in China[J]. *sustainability*. 2014, 6(6): 3301 –3320.

[113] Deng Xiangzheng, Zhao Yonghong, Wu Feng. Analysis of the trade-off between economic growth and the reduction of nitrogen and phosphorus emissions in the Poyang Lake Watershed, China [J]. *ecological modelling*. 2011, 222(2SI): 330 –336.

[114]Duraiappah A. , Naeem Shahid, Agardi T. Ecosystems and human well-being: biodiversity synthesis[J]. *World Resources Institute, Washington, D. C*. 2005, 86.

[115]Dwivedi Ambuj, Melville Bruce W. , Shamseldin Asaad Y. Drag force on a sediment particle from point velocity measurements: A spectral approach[J]. *water resources research*. 2010, 46(W10529).

[117]El-Mageed Taia A. Abd, Semida Wael M. Organo mineral fertilizer can mitigate water stress for cucumber. production (Cucumis sativus L.)[J] . *agricultural water management*. 2015, 159: 1 –10.

[118] Fan Yubing, Wang Chenggang, Nan Zhibiao. Comparative evaluation of crop water use efficiency, economic analysis and net household profit

simulation in arid Northwest China[J]. *agricultural water management*. 2014, 146: 335 - 345.

[119] Fandika Isaac R. , Kemp Peter D. , Millner James P. Irrigation and nitrogen effects on tuber yield and water use efficiency of heritage and modern potato cultivars[J]. *Agricultural Water Management*. 2016, 170: 148 - 157.

[120] Fischer Nils C. , Shamah-Levy Teresa, Mundo-Rosas Veronica. Household Food Insecurity Is Associated with Anemia in Adult Mexican Women of Reproductive Age[J]. *journal of nutrition*. 2014, 144(12): 2066 - 2072.

[121] Fisher Anthony C. Resource and environmental economics[M]: CUP Archive, 1981.

[122] Foster Richard H. , Prat Hernan, Rothman Ilan. Is Ouabain Produced by the Adrenal Gland? [J]. *General Pharmacology: The Vascular System*. 1998, 31(4): 499 - 501.

[123] Fuller Boyd W. Surprising cooperation despite apparently irreconcilable differences: Agricultural water use efficiency and CALFED [J]. *environmental science & policy*. 2009, 12(6SI): 663 - 673.

[124] Gadanakis Yiorgos, Bennett Richard, Park Julian. Improving productivity and water use efficiency: A case study of farms in England[J]. *agricultural water management*. 2015, 160: 22 - 32.

[125] Ge Yingchun, Li Xin, Huang Chunlin. A Decision Support System for irrigation water allocation along the middle reaches of the Heihe River Basin, Northwest China[J]. *environmental modelling & software*. 2013, 47: 182 - 192.

[126] Guan Dahai, Zhang Yushi, Al-Kaisi Mandi M. Tillage practices effect on root distribution and water use efficiency of winter wheat under rainfed condition in the North China Plain[J]. *soil & tillage research*. 2015, 146

（B）：286 – 295.

［127］Gwanpua S. G. , Verboven P. , Leducq D. The FRISBEE tool, a software for optimising the trade-off between food quality, energy use, and global warming impact of cold chains［J］. *Journal of Food Engineering.* 2015, 148：2 – 12.

［128］Hsiao Theodore C. , Steduto Pasquale, Fereres Elias. A systematic and quantitative approach to improve water use efficiency in agriculture［J］. *irrigation science.* 2007, 25(3)：209 – 231.

［129］Hu Changlu, Ding Mao, Qu Chao. Yield and water use efficiency of wheat in the Loess Plateau：Responses to root pruning and defoliation［J］. *field crops research.* 2015, 179：6 – 11.

［130］Huang J. , Guan X. , Ji F. Enhanced cold-season warming in semi-arid regions［J］. *atmospheric chemistry and physics.* 2012, 12(12)：5391 – 5398.

［131］Huang Juan, Zhan Jinyan, Yan Haiming. Evaluation of the impacts of land use on water quality：a case study in the Chaohu Lake Basin. ［J］. *The Scientific World Journal.* 2013, 2013：329187.

［132］Huchang Liao, Yiming Dong. Utilization Efficiency of Water Resources in 12 Western Provinces of China Based onthe DEA and Malmquist TFP Index ［J］. *Resources Science.* 2011, 2：15.

［133］Ipcc A. R. Intergovernmental panel on climate change［M］：IPCC Secretariat Geneva, 2007.

［134］Joseph D. D. , Nield D. A. , Papanicolaou G. Nonlinear equation governing flow in a saturated porous medium［J］. *Water Resour. Res.* 1982, 18 (4)：1049 – 1052.

［135］Kifle Mulubrehan, Gebretsadikan T. G. Yield and water use efficiency of furrow irrigated potato under regulated deficit irrigation, Atsibi-Wemberta, North Ethiopia［J］. *Agricultural Water Management.* 2016, 170

（SI）：133 – 139.

［136］Kummu Matti, Ward Philip J. , de Moel Hans. Is physical water scarcity a new phenomenon? Global assessment of water shortage over the last two millennia［J］. *Environmental Research Letters*. 2010, 5(3)：34006.

［137］Lei Jun, Luo Geping, Zhang Xiaolei. Oasis System and Its Reasonable Development in Sangong River Watershed in North of the Tianshan Mountains, Xinjiang, China［J］. *Chinese Geographical Science*. 2006, 16(3)：236 – 242.

［138］Li Weiyu, Zhang Bin, Li Runzhi. Favorable Alleles for Stem Water-Soluble Carbohydrates Identified by Association Analysis Contribute to Grain Weight under Drought Stress Conditions in Wheat［J］. *Plos One*. 2015, 10(e01194383).

［139］Li Zhihui, Deng Xiangzheng, Wu Feng. Scenario Analysis for Water Resources in Response to Land Use Change in the Middle and Upper Reaches of the Heihe River Basin［J］. *Sustainability*. 2015, 7(3)：3086 – 3108.

［140］Liu Y. , Huang J. , Wang J. Determinants of agricultural water saving technology adoption：an empirical study of 10 provinces of China［J］. *Ecological Economy*. 2008, 4：462 – 472.

［141］Liu Yaobin, Wang Guixin, Bao Shuming. Detection on resources consumption drag of urbanization in China［J］. *Natural Resources*. 2010, 1(02)：80.

［142］Marino S. , Aria M. , Basso B. Use of soil and vegetation spectroradiometry to investigate crop water use efficiency of a drip irrigated tomato［J］. *European Journal Of Agronomy*. 2014, 59：67 – 77.

［143］Moss Richard H. , Edmonds Jae A. , Hibbard Kathy A. The next generation of scenarios for climate change research and assessment［J］. *NATURE*. 2010, 463(7282)：747 – 756.

[144]Nian Yanyun, Li Xin, Zhou Jian. Impact of land use change on water resource allocation in the middle reaches of the Heihe River Basin in northwestern China[J]. *Journal Of Arid Land.* 2014, 6(3): 273 – 286.

[145] Nordhaus William D. , Stavins Robert N. , Weitzman Martin L. Lethal model 2: the limits to growth revisited[J]. *Brookings Papers on Economic Activity.* 1992, 1992(2): 1 – 59.

[146] Peng Chengyao, Zhang Jie. Addressing Urban Water Resource Scarcity in China from Water Resource Planning Experiences of Singapore [M]. Advanced Materials Research, Zhang C S, 2012: 433 – 440, 1213 – 1218.

[147] Ponce Robert, Bosello Francesco, Giupponi Carlo. Integrating water resources into computable general equilibrium models – A survey [J]. 2012.

[148] Pradhan S. , Sehgal V. K. , Das D. K. Effect of weather on seed yield and radiation and water use efficiency of mustard cultivars in a semi – arid environment[J]. *Agricultural Water Management.* 2014, 139: 43 – 52.

[149] Qiu Ying, Shi Xianliang. A System Dynamics Modeling Framework for Urban Logistics Demand System With a View to Society, Economy and Environment[M]. Zhang Z, Shen Z M, Zhang J, et al. , 2015, 299 – 303.

[150] Ram Hari, Dadhwal Vikas, Vashist Krishan Kumar. Grain yield and water use efficiency of wheat (Triticum aestivum L.) in relation to irrigation levels and rice straw mulching in North West India[J]. *Agricultural Water Management.* 2013, 128: 92 – 101.

[151]Rana G. , Ferrara R. M. , Vitale D. Carbon assimilation and water use efficiency of a perennial bioenergy crop (Cynara cardunculus L.) in Mediterranean environment[J]. *Agricultural And Forest Meteorology.* 2016, 217: 137 – 150.

［152］Ruiz – Canales A. , Ferrandez – Villena M. New proposals in the automation and remote control of water management in agriculture: Agromotic systems Preface［J］. *Agricultural Water Management*. 2015, 151(SI): 1 – 3.

［153］Scott Christopher A. , Sugg Zachary P. Global Energy Development and Climate – Induced Water Scarcity – Physical Limits, Sectoral Constraints, and Policy Imperatives［J］. *Energies*. 2015, 8(8): 8211 – 8225.

［154］Shi Qingling, Chen Shiyi, Shi Chenchen. The Impact of Industrial Transformation on Water Use Efficiency in Northwest Region of China［J］. *Sustainability*. 2015, 7(1): 56 – 74.

［155］Solow Robert M. Intergenerational equity and exhaustible resources［J］. *The review of economic studies*. 1974, 41: 29 – 45.

［156］Stiglitz Joseph. Growth with exhaustible natural resources: efficient and optimal growth paths［J］. *The review of economic studies*. 1974, 41: 123 – 137.

［157］Tang Hongwu, Tian Zhijun, Yan Jing. Determining drag coefficients and their application in modelling of turbulent flow with submerged vegetation［J］. *Advances In Water Resources*. 2014, 69: 134 – 145.

［158］Tari Ali Fuat. The effects of different deficit irrigation strategies on yield, quality, and water – use efficiencies of wheat under semi – arid conditions［J］. *Agricultural Water Management*. 2016, 167: 1 – 10.

［159］Taylor Jon R. The China dream is an urban dream: Assessing the CPC's national new – type urbanization plan［J］. *Journal of Chinese Political Science*. 2015, 20(2): 107 – 120.

［160］Tolk Judy A. , Evett Steven R. , Xu Wenwei. Constraints on water use efficiency of drought tolerant maize grown in a semi – arid environment［J］. *Field Crops Research*. 2016, 186: 66 – 77.

［161］Valta Katerina, Kosanovic Tatjana, Malamis Dimitris. Overview of water usage and wastewater management in the food and beverage industry

［J］. *Desalination And Water Treatment*. 2015, 53(12): 3335 - 3347.

［162］Wallace J. S. Increasing agricultural water use efficiency to meet future food production［J］. *Agriculture, Ecosystems & Environment*. 2000, 82 (1): 105 - 119.

［163］Wang Guofeng, Chen Jiancheng, Wu Feng. An integrated analysis of agricultural water - use efficiency: A case study in the Heihe River Basin in Northwest China［J］. *Physics And Chemistry Of The Earth*. 2015, 89 - 90: 3 - 9.

［164］Wang Jinxia, Li Yanrong, Huang Jikun. Growing water scarcity, food security and government responses in China［J］. *Global Food Security*.

［165］Wang H. X. , Zhang L. , Dawes W. R. Improving water use efficiency of irrigated crops in the North China Plain - measurements and modelling［J］. *Agricultural Water Management*. 2001, 48(2): 151 - 167.

［166］Wang Qingming, Huo Zailin, Zhang Liudong. Impact of saline water irrigation on water use efficiency and soil salt accumulation for spring maize in arid regions of China［J］. *Agricultural Water Management*. 2016, 163: 125 - 138.

［167］Wang Yu - Bao, Wu Pu - Te, Zhao Xi - Ning. Development tendency of agricultural water structure in China［J］. *Chinese Journal of Eco - Agriculture*. 2010, 18(2): 399 - 404.

［168］Wang Zhanqi, Yang Jun, Deng Xiangzheng. Optimal Water Resources Allocation under the Constraint of Land Use in the Heihe River Basin of China［J］. *Sustainability*. 2015, 7(2): 1558 - 1575.

［169］Wei Zhenhua, Du Taisheng, Zhang Juan. Carbon isotope discrimination shows a higher water use efficiency under alternate partial root - zone irrigation of field - grown tomato［J］. *Agricultural Water Management*. 2016, 165: 33 - 43.

［170］Wu Feng, Deng Xiangzheng, Yin Fang. Projected Changes of

Grassland Productivity along the Representative Concentration Pathways during 2010—2050 in China[J]. *Advances In Meteorology*. 2013(812723).

[171] Wu Feng, Zhan Jinyan, Gueneralp Inci. Present and future of urban water balance in the rapidly urbanizing Heihe River Basin, Northwest China[J]. *Ecological Modelling*. 2015, 318(SI): 254 – 264.

[172] Wu Feng, Zhan Jinyan, Gueneralp Inci. Present and future of urban water balance in the rapidly urbanizing Heihe River Basin, Northwest China[J]. *Ecological Modelling*. 2015, 318(SI): 254 – 264.

[173] Wu Feng, Zhan Jinyan, Zhang Qian. Evaluating Impacts of Industrial Transformation on Water Consumption in the Heihe River Basin of Northwest China[J]. *Sustainability*. 2014, 6(11): 8283 – 8296.

[174] Wu Yang, Jia Zhikuan, Ren Xiaolong. Effects of ridge and furrow rainwater harvesting system combined with irrigation on improving water use efficiency of maize (Zea mays L.) in semi – humid area of China[J]. *Agricultural Water Management*. 2015, 158: 1 – 9.

[175] Xiao Guoju, Zhang Fengju, Qiu Zhengji. Response to climate change for potato water use efficiency in semi – arid areas of China[J]. *Agricultural Water Management*. 2013, 127: 119 – 123.

[176] Xu Jing, Zhou Min, Li Hailong. The drag effect of coal consumption on economic growth in China during 1953—2013[J]. *Resources, Conservation and Recycling*. 2016.

[177] Xu Qian, Jiang Qunou, Cao Kai. Scenario – Based Analysis on the Structural Change of Land Uses in China[J]. *Advances In Meteorology*. 2013(919013).

[178] Xue Xian, Liao Jie, Hsing Youtian. Policies, Land Use, and Water Resource Management in an Arid Oasis Ecosystem[J]. *Environmental Management*. 2015, 55(5): 1036 – 1051.

[179] Yang Yang, Cifang Wu. Study of Chinese Economic "Growth

Drag" Caused by Land Resource in the Perspective of the Modified Two – Level CES Production function[J]. *Chinese Journal of Population Resources and Environment.* 2012, 10(4): 39 – 43.

[180]Yang Yu, Liu Yi. Spatio – temporal analysis of urbanization and land and water resources efficiency of oasis cities in Tarim River Basin[J]. *Journal Of Geographical Sciences.* 2014, 24(3): 509 – 525.

[181] Zhang Jun, Zhou Dongmei, Zhang Renzhi. Dynamic Characteristics of Water Footprint and Water Resources Carrying Capacity in Heihe River Basin during 2004 – 2010[J]. *Journal of Desert Research.* 2012, 32(1000 – 694X(2012)32:6 < 1779:HHLY2N > 2. 0. TX;2 – 66): 1779 – 1785.

[182]Zhang Qian, Liu Bing, Zhang Weige. Assessing the regional spatio – temporal pattern of water stress: A case study in Zhangye City of China[J]. *Physics And Chemistry Of The Earth.* 2015, 79 – 82: 20 – 28.

[183] Zhang Shulan, Sadras Victor, Chen Xinping. Water use efficiency of dryland maize in the Loess Plateau of China in response to crop management [J]. *Field Crops Research.* 2014, 163: 55 – 63.

[184]Zhang Tao, Zhan Jinyan, Liu Dongdong. Equilibrium between economic growth and emission reduction of nitrogen and phosphorus: A case study in Poyang Lake Watershed, China[J]. *Journal Of Food Agriculture & Environment.* 2012, 10(3 – 42): 1118 – 1120.

[185]Zhao Kaifeng, Lian Heng. Bayesian Tobit quantile regression with single – index models[J]. *Journal of Statistical Computation and Simulation.* 2015, 85(6): 1247 – 1263.

[186]Zhou Qing, Wu Feng, Zhang Qian. Is irrigation water price an effective leverage for water management? An empirical study in the middle reaches of the Heihe River basin[J]. *Physics and Chemistry of the Earth, Parts A/B/C.* 2015, 89: 25 – 32.

附　录

以下附录为不同变量表征对应的中文解释。

te——区县农业水资源利用效率

pi——第一产业占比

ti——第二产业占比

si——第三产业占比

maize——玉米种植面积

wheat——小麦种植面积

other——其他作物种植面积

irrigation——有效灌溉面积

disaster——成灾面积

pp——人口增长率

gp——固定资产增长率

gdp——地区生产总值

附表 1　甘州区区县农业水资源利用效率影响因素相关系数表

Appendix　Table 1　The correlation between water use efficiency and influence factors in Ganzhou

甘州区	te	pi	Ti	si	wheat	corn	other	income	irraga~n	disaster	pp	gp	gdp
te	1												
pi	-0.1799	1											
ti	0.1001	-0.781	1										
si	0.348	-0.7129	0.679	1									
maize	0.0354	0.4771	-0.5623	-0.6358	1								
wheat	0.2296	-0.1486	0.0525	0.3992	-0.7839	1							
other	0.0162	-0.1522	0.1518	0.0697	0.02	-0.2318	1						
income	0.4524	-0.0652	0.1253	0.3052	-0.5025	0.6129	0.187	1					
irragation	0.1254	-0.0605	0.0677	0.4461	-0.7377	0.8424	-0.3923	0.6372	1				
disaster	-0.1765	0.6522	-0.7201	-0.7211	0.831	-0.5407	-0.0843	-0.2047	-0.4316	1			
pp	0.1468	-0.1089	0.2841	0.0303	-0.1423	0.1566	-0.1422	-0.2192	-0.0844	-0.3963	1		
gp	0.1575	0.5233	-0.3307	-0.5071	0.0959	0.1513	-0.2997	0.5068	0.3257	0.3322	-0.1183	1	
gdp	0.4636	-0.4782	0.4526	0.7247	-0.8268	0.8664	-0.2213	0.6352	0.7868	-0.7252	0.2021	0.0098	1

附表 2　肃南县区县农业水资源利用效率影响因素相关系数表

Appendix　Table 2　The correlation between water use efficiency and influence factors in Sunan

肃南县	te	pi	ti	si	wheat	corn	other	income	irraga ~ n	disaster	pp	gp	gdp
te	1												
pi	-0.5855	1											
ti	0.6047	-0.9927	1										
si	-0.5681	0.9133	-0.9397	1									
maize	0.9601	-0.4847	0.4998	-0.482	1								
wheat	0.9186	-0.7177	0.7141	-0.6697	0.8812	1							
other	0.6103	-0.7259	0.7231	-0.6941	0.624	0.7063	1						
income	0.477	-0.2919	0.278	-0.2553	0.2628	0.4672	0.0819	1					
irragation	0.9042	-0.4055	0.4159	-0.4493	0.8993	0.9017	0.4613	0.4633	1				
disaster	0.6969	-0.5381	0.5721	-0.5202	0.6779	0.8072	0.5408	0.2191	0.687	1			
pp	-0.1787	0.099	-0.0327	-0.1029	-0.1985	-0.4616	-0.0607	-0.2479	-0.4177	-0.4964	1		
gp	0.0802	0.6528	-0.6694	0.6685	0.2135	-0.1267	-0.2714	0.0197	0.1916	-0.3396	0.0225	1	
gdp	0.8382	-0.4058	0.4038	-0.4818	0.8759	0.8035	0.6336	0.3395	0.8857	0.4228	-0.1629	0.3608	1

附表 3　金塔县区县农业水资源利用效率影响因素相关系数表

Appendix　Table 3　The correlation between water use efficiency and influence factors in Jinta

金塔县	te	pi	ti	si	wheat	corn	other	income	irraga ~ n	disaster	pp	gp	gdp
te	1												
pi	- 0. 5399	1											
ti	0. 8149	- 0. 8036	1										
si	0. 0537	- 0. 813	0. 308	1									
maize	0. 5097	- 0. 7576	0. 7332	0. 501	1								
wheat	0. 4394	- 0. 6143	0. 6881	0. 3178	0. 9271	1							
other	- 0. 0799	0. 1046	- 0. 073	- 0. 0729	0. 0904	0. 0438	1						
income	0. 6903	- 0. 3929	0. 5054	0. 1232	0. 6799	0. 6643	0. 0666	1					
irragation	- 0. 0258	- 0. 5111	0. 1811	0. 6494	0. 3842	0. 0744	0. 0373	- 0. 0969	1				
disaster	0. 8457	- 0. 3979	0. 7426	- 0. 0897	0. 2791	0. 2594	- 0. 2436	0. 2921	- 0. 0158	1			
pp	- 0. 0627	- 0. 0651	- 0. 0295	0. 1405	0. 3276	0. 1915	0. 4795	0. 4633	0. 204	- 0. 4098	1		
gp	0. 4819	- 0. 7226	0. 4882	0. 6625	0. 2574	0. 0084	- 0. 2091	0. 0035	0. 5332	0. 4862	- 0. 3882	1	
gdp	0. 7845	- 0. 8707	0. 9625	0. 4492	0. 8089	0. 692	- 0. 1494	0. 5545	0. 3594	0. 6625	0. 0662	0. 573	1

附表4 临泽县区县农业水资源利用效率影响因素相关系数表

Appendix Table 4 The correlation between water use efficiency and influence factors in Linze

临泽县	te	pi	ti	si	wheat	corn	other	income	irraga~n	disaster	pp	gp	gdp
te	1												
pi	0.0956	1											
ti	0.2597	−0.6682	1										
si	−0.3849	−0.2558	−0.4959	1									
maize	0.3306	0.5902	−0.0633	−0.3543	1								
wheat	−0.7941	−0.4546	−0.1447	0.5721	−0.7499	1							
other	−0.1924	0.1333	−0.4747	0.4801	−0.0539	0.2296	1						
income	−0.2538	−0.1907	−0.4908	0.7216	−0.5344	0.5947	0.6118	1					
irragation	−0.6154	−0.1283	−0.5509	0.7382	−0.4943	0.7672	0.5819	0.9073	1				
disaster	0.2246	−0.4331	0.6418	−0.2541	0.173	−0.2727	−0.1459	−0.4162	−0.397	1			
pp	−0.2863	0.5143	−0.4876	−0.0085	−0.2321	0.2517	0.5613	0.2783	0.2906	−0.6704	1		
gp	−0.6412	0.3993	−0.7082	0.3659	−0.3362	0.5429	0.0748	0.369	0.5438	−0.8016	0.5209	1	
gdp	−0.5963	−0.1189	−0.4342	0.5283	−0.596	0.7754	0.3462	0.7646	0.8156	−0.7223	0.5937	0.8206	1

附表 5　民乐县县区农业水资源利用效率影响因素相关系数表

Appendix　Table 5　The correlation between water use efficiency and influence factors in Minle

民乐县	te	pi	ti	si	wheat	corn	other	income	irraga~n	disaster	pp	gp	gdp
te	1												
pi	0.4502	1											
ti	-0.3496	-0.8396	1										
si	0.1467	0.4195	-0.8452	1									
maize	-0.3087	-0.8335	0.7501	-0.4343	1								
wheat	-0.1028	-0.6253	0.5048	-0.2289	0.7031	1							
other	-0.0743	-0.5014	0.4005	-0.173	0.4249	0.6162	1						
income	-0.1721	-0.6662	0.4947	-0.1699	0.829	0.7493	0.3278	1					
irragation	-0.5086	-0.8188	0.5827	-0.1684	0.7402	0.7348	0.3948	0.8598	1				
disaster	-0.0147	0.0111	-0.4241	0.6962	-0.0025	0.1588	-0.3144	0.2746	0.3299	1			
pp	0.581	-0.0425	-0.2894	0.5462	0.1217	0.2179	0.4088	0.3803	0.1399	0.4408	1		
gp	-0.8909	-0.2274	0.2037	-0.1091	0.2359	-0.0799	-0.2451	0.0012	0.2469	0.0425	-0.7437	1	
gdp	-0.6699	-0.8813	0.6615	-0.2401	0.7869	0.6568	0.6262	0.6734	0.8658	0.0406	-0.0043	0.4635	1

附表 6　山丹县区县农业水资源利用效率影响因素相关系数表

Appendix　Table 6 The correlation between water use efficiency and influence factors in Shandan

山丹县	te	pi	ti	si	wheat	corn	other	income	irraga ~ n	disaster	pp	gp	gdp
te	1												
pi	0.3433	1											
ti	0.1495	0.1369	1										
si	-0.2396	-0.2201	0.3467	1									
maize	0.3119	-0.2347	0.0535	0.4938	1								
wheat	-0.1915	-0.2472	-0.0729	0.7167	0.6368	1							
other	0.1149	0.5468	0.3701	-0.0796	0.1302	-0.0212	1						
income	0.2574	-0.2457	0.0918	0.5904	0.7888	0.6656	-0.1057	1					
irragation	-0.0362	-0.2415	-0.0842	0.696	0.7629	0.8364	-0.0002	0.9016	1				
disaster	0.1962	0.7469	0.1638	-0.315	-0.6915	-0.5623	0.1882	-0.4022	-0.4764	1			
pp	-0.1297	-0.4159	0.3139	0.0203	0.2273	0.1143	-0.142	0.4619	0.2126	-0.2922	1		
gp	-0.1767	-0.2863	0.3011	0.7491	0.6056	0.408	0.0753	0.2327	0.3781	-0.4842	-0.3386	1	
gdp	0.0497	-0.0501	0.2692	0.734	0.8441	0.8045	0.3906	0.7243	0.8274	-0.4991	0.1163	0.6456	1

附表 7　高台县区农业水资源利用效率影响因素相关系数表

Appendix　Table 7　The correlation between water use efficiency and influence factors in Gaotai

高台县	te	pi	ti	si	wheat	corn	other	income	irraga~n	disaster	pp	gp	gdp
te	1												
pi	-0.193	1											
ti	0.3656	-0.9296	1										
si	0.0437	-0.9599	0.789	1									
maize	0.4628	0.0138	0.1238	-0.117	1								
wheat	0.5693	-0.4104	0.367	0.4051	0.6393	1							
other	0.4343	0.0254	-0.0112	-0.0339	0.6243	0.5459	1						
income	0.5872	-0.2413	0.1641	0.2774	0.4689	0.833	0.6245	1					
irragation	0.5804	-0.1827	0.1505	0.19	0.6667	0.8853	0.6262	0.9588	1				
disaster	0.5921	0.1096	0.0937	-0.2539	-0.2684	-0.2066	-0.1326	0.0234	-0.0982	1			
pp	0.111	0.6375	-0.3624	-0.7631	0.2543	-0.1133	-0.0769	-0.3849	-0.224	0.1842	1		
gp	0.4995	0.5674	-0.389	-0.6306	0.6118	0.4858	0.2688	0.3356	0.4697	0.1749	0.6749	1	
gdp	0.7584	-0.4152	0.4485	0.351	0.6075	0.9273	0.4625	0.8175	0.8505	0.0824	-0.0193	0.5398	1

附表 8 肃州区区县农业水资源利用效率影响因素相关系数表

Appendix Table 8 The correlation between water use efficiency and influence factors in Suzhou

肃州区	te	pi	ti	si	corn	wheat	other	income	irraga~n	disaster	pp	gp	gdp
te	1												
pi	0.0412	1											
ti	0.0549	-0.9871	1										
si	-0.0761	0.9625	-0.9909	1									
maize	0.2386	0.218	-0.1938	0.2042	1								
wheat	-0.0628	-0.105	0.0834	-0.1128	-0.0573	1							
other	-0.032	0.4022	-0.3455	0.2931	-0.4764	0.5984	1						
income	0.3456	-0.2735	0.3012	-0.2706	-0.2774	-0.6209	-0.5775	1					
irragation	-0.0354	0.5499	-0.5765	0.5578	0.6069	-0.228	-0.3271	-0.0456	1				
disaster	0.5082	-0.239	0.2651	-0.284	0.0835	-0.569	-0.5261	0.5412	0.0068	1			
pp	-0.1833	-0.7926	0.7615	-0.7763	0.4756	0.0727	-0.0474	-0.3954	-0.3036	-0.0159	1		
gp	-0.351	-0.1401	0.1421	-0.1275	-0.2746	-0.2286	0.1272	0.2925	-0.1196	-0.3349	-0.0795	1	
gdp	-0.0515	-0.6527	0.6447	-0.642	0.0901	-0.8563	-0.6934	0.7081	-0.1078	0.6419	0.2576	0.2623	1